日本林業は世界で勝てる！

山田壽夫

J-FIC

刊行に寄せて

　本書を著した山田壽夫さんは、いわゆる林野技官の中でも、傑出した異色の人物と言えます。林野技官は、国家公務員試験に林業等の技術職で合格し、国家官僚として林業に関わる公務に就きます。言うまでもなく、林業のプロです。ただその中でも、山田さんのように、生粋の林業人と言える林野技官は、そう多くはありません。異色とお呼びして差し支えないでしょう。

　山田さんの実家は、熊本県人吉市の森林所有者で林業を営んでいます。山田さんも、幼少の頃から毎日のように山に通ったと言います。この原体験、そして森林経営者としての視点を持っておられたことが本書の通奏低音となっていることは、ページをめくられれば、直ぐにご理解いただけるでしょう。

　鹿児島大学の林学科を卒業した山田さんは、「林業が儲かって儲かって仕方ない」時期に、林野庁に入りました。その頃から日本林業は長期低迷時代に入っていくのですが、その中で山田さんは、林業の振興と再生に一貫して取り組んできました。持ち前の積極性と明るさに、海外視察などで得た広い視野と知見を加えて、新しい政策を次々と打ち出してきました。現在、日本の木材自給率は4割台まで回復し、国産材の用途も国内だけでなく海外にまで広がってきていますが、その根底に山田さんの存在があったことは誰もが認めるところです。

　本書の通奏低音となっているものが、もう1つあります。それは、山田さんが恩師と仰ぐ赤井英夫・鹿児島大学農学部教授（故人）の教えです。国内外の木材需給などに精通していた赤井教授は、日本林業の進路について早くから警鐘を発していました。1980（昭和55）年に世に問うた『木材需給の動向と我が国林業』（日本林業調査会発行）では、戦後植林した人工林が成長してきていることを踏まえ、「おそらく将来の市場においては、国産材対外材の競争、木材対代替材の競争、国産材相互の産地間競争等の厳しい市場競争が到来することになるであろう」と

予言し、1984（昭和59）年に著した『新日本林業論』（同）では、「今後の日本林業の進路として、木材需給のひっ迫を想定した森林資源の造成から、伐採の増大を軸にした地域林業の形成へと方向を転換することが必要だと考えている」とした上で、「このことは言うはやすく、実行は容易なことではない」と記しました。

　この「実行は容易なことではない」ことに果敢に挑み、将来への道筋をはっきりとつけたのが山田さんです。赤井教授から託された課題に全力で取り組み、明確な答えを政策の形で出してきたと言えるでしょう。傑出した林野技官と評価する所以です。

　本書の通奏低音について紙幅を費やしてしまいましたが、旋律についても語らなければなりません。主旋律は題名が示すように日本林業が世界とどのように戦うか、さらに言えばどのように勝って行くかです。孫子に倣い、世界を知り、日本を知ることで、百戦殆うからぬようにと筆を進め、今後の進むべき方向を示しています。政策を担当していた頃からも情報収集には定評のあった山田さんですが、最近の情報にアップデートされており、極めて示唆に富む内容となっています。是非、多くの方々に読んでいただきたいと考えています。

　2024（令和6）年11月吉日

公益社団法人大日本山林会会長
東京大学名誉教授
永田　信

はじめに

　2001（平成13）年に林野庁の木材課長に就任した私は、何としても日本の林業を再生したいと考えていました。当時の林野庁は、数年前から検討を進めてきた林業基本法改正案の国会審議の最中でした。この改正案は、林野行政の根幹をなす林業基本法を37年ぶりに大きく見直すもので、それまでの「林業」を基本とする法律から「森林・林業」へ、さらに言うと「環境」へとシフトする内容となっていました。

　その背景には、林野庁の幹部の間で、林業がそれだけでは産業として成り立ちがたく、環境へシフトすることで国民社会への一定の貢献が図れるという考え方がありました。私は、1995（平成7）年から4年間、大分県に出向していました。その間に、林業基本法の改正作業に対する意見を提出しました。そこで最も強調したのは、日本林業は、コストの削減を図れば、十分に世界と競争できるということでした。

　その後、木材課長に就任してすぐに着手したのが林業構造改善事業から木材産業の支援対策を分離することでした。当時、林野庁は、地域指定型の林業構造改善事業の一環として、森林組合のほか、木材産業関係者らが組織する協同組合が運営する木材加工施設などに補助金を交付していました。特に、間伐材の付加価値を高めれば売れるのではないかということで、山村の地域を指定して林道と木材加工施設を一体的に整備する地域指定型の事業を行っていました。しかし、山村の地域振興の延長線上で木材加工施設をつくっても、欧州材や米材との国際競争力はつかないので、採択条件を変えました。また、責任体制が不明瞭な協同組合型の製材工場への補助金交付は打ち切らなければいけないとも考えました。そこで農林水産省が始まって以来やったことのなかった株式会社への直接補助を導入することに挑みました。これは非常に難航しましたが、木材供給に関する協定取引制度の仕組みをつくることで実現できました。

　私は、木材課長に就任してから時間をみつけて、大手住宅メーカーな

どに「国産材をなぜ使わないのか」と聞いて回りました。すると、「うちの木材はフィンランドの工場ですべて生産している」などと言われて、全く相手にしてもらえません。東京近郊で年間2,000棟近く建設している住宅メーカーの社長と日本最大のプレカットメーカーの取締役からは、ほぼ同じことを言われました。それは、「小さい工場や森林組合の工場が共同出荷した木材製品は使えない。良いものもあるが、品質はばらついているし、注文した納期までに届くかわからない。外材を扱っている大手木材企業のアイテムにスギの製品が入ったら使いますよ」というものでした。

一方で、木材課長着任時の上司からは、「スギで合板をつくるにはm^3当たり3,000円程度の助成金が必要と業界から言われている。その仕組みを検討してほしい」という指示を受けました。ただ、価格補填は長続きしないし、通常の販売ルートに乗る製品にしないと大量に売れないというのが私の考えで、日本合板工業組合連合会の方々には、「マーケットにそっぽを向かれたら仕方ないが、スギ合板を市場に出せるように取り組む」と話して、合板用に国産材を100万m^3供給する目標を設定しました。このような状況の中で、新たな支援制度となる「新流通・加工システム」を構想し、どのような対策を打てば、外材製品である合板や集成材にスギ、ヒノキ、カラマツなどの国産材が使われるのかを様々な角度から既存概念にとらわれることなく検討しました。

その後、私は計画課長になりました。「新流通・加工システム」もある程度動き始めたことから、山から原木を安定供給するシステムをつくる必要があると考え、議論を重ねて立ち上げたのが「新生産システム」です。「新生産システム」で目指したのは、木材価格が高かった時代の高コストの生産流通加工システムをすべてなくすことです。低コストで国際競争力のある国産材の生産流通加工システムを確立する。そのためには、加工流通だけでなく森林整備など林業全体を刷新しなければいけない。原木（丸太）の中から四面無節等の高級材を選別して利益を生み出す時代は終わったのです。製材コストがm^3当たり1万円以上の工場から、3,000円程度の工場に転換しなければ、国際競争で勝ち抜くこと

はできません。

　2001 年からの様々なチャレンジによって、日本林業は再生しつつあります。国内各地で従来にない大規模な製材工場や合板工場などが稼働するようになり、国産材を加工するコストは大幅に下がってきています。2002（平成 14）年に史上最低の 18.8％まで低下した木材自給率は、40％を上回るまでに回復してきています。

　この流れをさらに太く、力強いものにしていけば、日本林業は必ず世界のトップに立つことができます。本書を通じて、この私の確信をできる限り多くの方々と共有したいと願っています。

2024（令和 6）年 11 月

一般社団法人日本木材輸出振興協会会長

木構造振興株式会社代表取締役

有限会社山田林業代表取締役

山田　壽夫

目次

刊行に寄せて	3
はじめに	5

第1章　なぜ日本林業は世界で負け続けてきたのか ── 13

1．日本林業の変遷と現状	14
2．世界の林業の変遷と現状	16
（1）世界の製材品消費量	17
（2）世界の国別千人当たり製材品消費量	20
（3）日本の製材品消費量の変化	23
（4）世界の産業用丸太の輸入と輸出	28
（5）世界の薪炭材を含む木材生産量の変遷と現状	32

第2章　世界の森林はどうなっているのか ── 39

1．世界の森林資源の変遷	40
2．世界にある様々な森林	42
＜コラム＞森林と原野はどこが違うのか	45
3．世界の森林蓄積	46
＜コラム＞スエズ運河のコンテナ船座礁事故から見えたこと	48
4．世界の人工林	50
5．世界の木材生産林	54

第3章　敵を知る─主要林業国の実力─ ── 57

1．米国	58
（1）米国西部、太平洋沿岸部のベイマツ	62
（2）米国南部のサザンイエローパイン	65
（3）米国東部の広葉樹	68

2．カナダ ——————————————————————————— 70

　　3．欧州 —————————————————————————————— 74

　　　（1）フィンランド ———————————————————— 74

　　　（2）スウェーデン ————————————————————— 84

　　　（3）ドイツ（スイス）——————————————————— 92

　　　（4）オーストリア ————————————————————— 100

　　4．ニュージーランド ————————————————————— 104

　　5．中国 —————————————————————————————— 112

　　6．ベトナム ————————————————————————————— 117

　　7．ロシア ————————————————————————————— 122

第4章　己を知る―日本林業の実力― —————————— **125**

　　1．世界の主要林業国の動向と木材需要の見通し————— 126

　　2．世界で戦うためには生産コストの削減が不可欠———— 127

　　3．ウッドショックから読み取れる大きな変化———————— 131

　　4．日本の製材業は国際レベルに近づいてきた—————— 135

　　5．木材流通の構造的変化が進んでいる——————————— 143

　　6．製品市場の縮小とプレカット工場の台頭———————— 153

　　7．日本国内の木材需要はどうなっていくか———————— 161

第5章　日本林業の課題と可能性———————————————— **167**

　　1．日本林業が乗り越えるべき2つの課題——————————— 168

　　2．現場から見た日本林業の実力———————————————— 169

　　　（1）人工林の大部分は大規模施業と機械化に対応できる —— 169

　　　（2）なかなか上昇しない林内路網密度 ————————— 171

　　　（3）日本らしい林道と林業機械化の必要性 ————— 176

　　　（4）道づくりの実際 ——————————————————— 179

　　3．素材生産のあり方を見直す—————————————————— 182

　　　（1）林業機械化の変遷 ————————————————— 182

　　　（2）高性能林業機械化の現実 ————————————— 185

（3）九州森林管理局での実践 ―――――――― 187
（4）北海道森林管理局での実践 ―――――――― 191
（5）素材生産の作業区分別コスト分析 ――――― 196
（6）素材生産コスト削減のポイント ―――――― 197
4．再造林のあり方を見直す―――――――――――― 201
（1）肥培林業の試み ―――――――――――― 201
（2）最適な造林樹種と早生樹の可能性 ――――― 203
（3）苗木生産の現状とエリートツリーの可能性 ―― 205
（4）保安林と造林補助の現状 ――――――――― 207
（5）普通林と造林投資の現状 ――――――――― 209

第6章　世界の主要林業国は何を目指しているか――― **213**
1．最近の円安が意味していること――――――――― 214
2．「スマート林業」の可能性 ―――――――――― 215
（1）コマツフォレストの取り組み ――――――― 216
（2）スウェーデンの機械開発コンセプト ―――― 218
3．「無人化林業」の実現に向けて ―――――――― 220
（1）機械をフル活用するために必要なこと ――― 220
（2）機械開発目標の明確化と予算措置 ――――― 223
（3）素材生産を大きく変えたテザーシステム ―― 223
（4）今後に向けた機械開発の課題 ――――――― 226
（5）ICTを活用した効率的な流通システム ――― 227
4．日本林業改革試案―――――――――――――― 231
（1）日本の素材生産に求められること ――――― 231
（2）日本の再造林に求められること ―――――― 234

第7章　日本林業は世界のトップに立てる―――――― **239**
1．私の生い立ち――――――――――――――― 240
2．絶えざる挑戦によって国際競争力を獲得する――― 242
3．ビックデータで競争する時代――――――――― 244

4．日本林業の未来像—————————————— 245
（1）林業機械化の理念と方向性 ————————— 245
（2）日本林業の将来モデル ——————————— 247

山田壽夫の年表——————————————————— 250
おわりに———————————————————————— 253

第 1 章
なぜ日本林業は世界で負け続けてきたのか

1. 日本林業の変遷と現状

　本書の本題に入る前に、戦後の日本林業の変遷について、簡単におさらいをします。

　第2次世界大戦を終えた昭和20年代は、戦時中の強制伐採等もあって、150万haに及ぶ伐採跡地・荒廃地を森林へ復旧することが課題でした。一方で、戦後の復興資材として木材の需要は旺盛で、森林の伐採量が増加していき、大規模な水害も発生して保安林整備臨時措置法が施行されるなど、森林の復旧・保全と復興資材の供給という相矛盾する課題に直面していました。ただし、当時の山村地域には活力があり、木材価格が上昇する中で、1954（昭和29）年には約43万haという戦後最大の造林面積を記録しました。

　昭和30年代は、木材価格の高騰が物価上昇の原因の8割を占めたこともある時代でした。ただし、比較的高値で取引されるスギやヒノキを持っているのはごく少数の有名林業地だけで、そのほかの大半の山村地域は薪炭林施業を行っており、高く売れる木はありませんでした。戦後のエネルギー供給を担っていた薪炭林施業は山村地域を潤していましたが、エネルギー革命によって1957（昭和32）年頃から薪炭が売れなくなりました。このため、薪炭材の供給源であった広葉樹林を伐採して製紙用材として売り、伐採跡地にスギやヒノキを植える拡大造林が進んでいきました。1961（昭和36）年にスギやヒノキなどを植えた面積は1954年に次いで多く、約42万haに達しました。

　戦後、外貨のない中で木材需要を賄うため、国産材の価格は高騰していきます。1961年当時、私は熊本県人吉市の小学生で、実家は、子守歌やダム建設で有名な五木村にある100haの山林で本格的な植林を始めました。私は、山泊する作業員のもとへ食料を届けによく行きました。人吉からバスで2時間揺られ、山泊小屋まで2時間歩きます。木炭を積んだ木馬を避けながら進むと、ヒメシャラの大木の林立する国有林が広がり、そこを抜けると植林の現場でした。バス停のそばから約2,000mのワイヤーロープを張って、製紙用の丸太を運び出した伐採跡

第1章　なぜ日本林業は世界で負け続けてきたのか

写真1-1　五木村にある所有山林（伐採作業中、2023年、著者撮影）

地です。当時の素材生産業者からは、ワイヤーロープを使う集材技術を持っていると、宝の山を見つけたようなものだとよく聞かされました。

　昭和30年代になると、東南アジアのラワン材が国内でもよく見られるようになります。伐採地はフィリピンから始まり、その後インドネシアに移り、昭和40年代になるとカリマンタンの森林開発が始まります。1964（昭和39）年には木材輸入が自由化され、丸太の関税が撤廃されて各地に港湾型の製材工業団地が整備されていきました。しかし、そのような中でも国産材の需要は堅調であり、特にヒノキの価格は上昇を続け、スギの2倍の水準になり、その後も高騰を続けていきました。

　私は1976（昭和51）年に林野庁に入りましたが、地元の篤林家の方からは、なんで就職するのか、実家の林業を続けた方がいいのではないかと言われるような状況でした。

　1978（昭和53）年に、林野庁の市町村出向者第1号として岩手県住田町で勤務し始めました。その当時に創刊された森林文化協会の雑誌に、「今、35年生のスギがha当たり900万円で売れています。」という

私のコメントが載っています。この後、1980（昭和55）年に木材価格のピークを記録し、その後、木材価格下落の時代が長く続くことになります。

そして、平成に入って間もなくの頃でした。宮崎県の木材業界の方々がスギ並材の効率的な製材システムを構築し、当時の外材の中で最も勢いのあった米ツガ柱角との価格競争に勝ったと思われた時期がありました。しかし、これは束の間の出来事で、1995（平成7）年の阪神・淡路大震災の後、住宅に対するニーズが耐震性、気密性・断熱性の確保などにシフトしていき、これに応えるかたちで欧州からラミナ（挽き板）の輸入が始まり、そのラミナを使った集成柱角などの製品が市場を席巻していくことになります。

2．世界の林業の変遷と現状

それでは、まず第1章では、日本の林業が負け続けてきた相手、すなわち世界の林業はどうなっているのかを見ていきましょう。

私の最初の海外視察は、1978年8月から出向していた役場での卒業旅行で行った台湾です。突然の一人旅だったのですが、台湾の林野当局に日本語のわかる人をつけていただき、コウヨウザンの植林地を台中から日月潭に向かう途中で視察しました。

台湾から帰国後、1980年8月に林野庁に戻り、翌81年にかけて国際協力事業団（JICA）の窓口的な仕事をしました。当時はフィリピンの首都マニラの北方100kmにあるダムの周辺やインドネシア・スマトラ島での植林、ビルマ（現ミャンマー）やインドネシア・ジャワ島での伐採に関する技術協力が行われており、専門家の派遣、研修生の受け入れ、タイや南米での技術協力のための調査団の派遣、帰国報告会などに追われ忙しい毎日でした。

その中で、ビルマでは当時、木材の搬出を象で行っており、それを架線集材に切り替えようとしていました。ビルマの研修生を連れて秋田営林局の架線集材の現場に行ったことや、外務省の無償資金協力で集材機

第1章　なぜ日本林業は世界で負け続けてきたのか

写真1－2　インドネシア、トギアン諸島の伐採現場
（1981 年撮影、写真右端が著者）

を億円のオーダーで機材供与したことが思い出されます。

　2回目の海外視察は、1981（昭和 56）年の1月で、インドネシアの三井物産の植林地と松下電工のラワンの伐採現場を見ました（写真1－2）。松下電工の伐採現場は、スラウェシ島の離れ小島のトギアン諸島というところにあり、辿り着くまでに夕陽で有名なマッカサルからセスナ機とチャーターしたボートで丸2日かかりました。そこには北海道の国有林の伐採現場から引き抜かれた伐採班がいて、本当に驚きました。その後、退職後も含めて林野庁入庁以来、17 か国、都合 23 回、海外の林業現場を視察してきました。

（1）世界の製材品消費量

　世界の木材貿易に占める製材品の消費量を FAO（国連食糧農業機関）の発表している「Yearbook of Forest products 2018」から作成したものが図1－1です。主だった国の製材品の生産量を上段に、消費量を下段に表示し、生産量が消費量を上回っている国は赤く、下回っている国は黄色く塗り分けました。

　図1－1を見れば、一目瞭然で製材品の不足国がわかります。それ

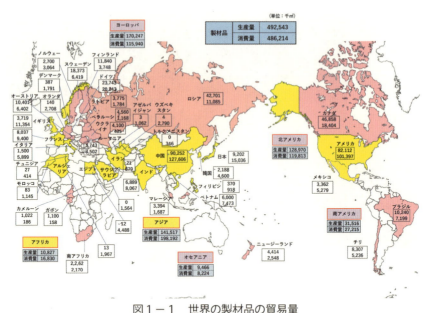

図1-1 世界の製材品の貿易量
出典：FAO Yearbook of Forest Products 2018

は、アメリカ大陸では米国、メキシコ、欧州では英国、フランス、イタリア、アフリカ大陸では地中海沿いのモロッコ、アルジェリア、エジプトです。西アジアではサウジアビア、イラク、インド、東アジアではベトナム、フィリピン、中国、韓国、そして日本です。

　世界で一番製材品が不足しているのは中国で、その量は3,735万4,000m^3、次が米国で1,928万5,000m^3、英国が763万5,000m^{3}と続き、日本は4番目の585万4,000m^{3}を輸入しています。

　では、どの国から不足分を調達しているのでしょうか。それは、ロシア、ベルラーシ、ウクライナなどの旧東欧諸国、スウェーデン、フィンランドの北欧諸国、そしてドイツ、オーストリア、アメリカ大陸ではカナダ、ブラジル、チリです。製材品を一番輸出しているのはロシアで3,161万6,000m^3、次いで、カナダの2,845万4,000m^3、スウェーデンの1,195万4,000m^3、フィンランドの809万4,000m^{3}という順になります。

　令和2年度の『森林・林業白書』（林野庁編）によると、日本の製材品の輸入先はカナダが一番多くて281万m^3（丸太換算値、以下同じ）、

第1章　なぜ日本林業は世界で負け続けてきたのか

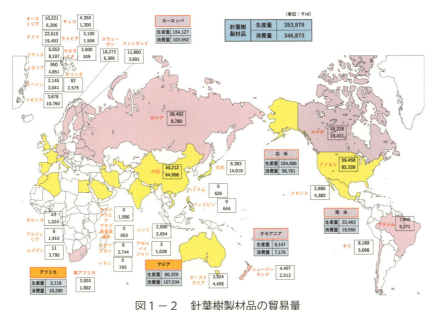

図1-2　針葉樹製材品の貿易量
出典：FAO Yearbook of Forest Products 2018

次いで、フィンランド（146万m^3）、ロシア（134万m^3）、スウェーデン（116万m^3）となっており、世界の傾向とほぼ一致します。ただし、欧州から輸入しているホワイトウッドやレッドウッドの製材品の輸送ルートには、地中海沿岸のエジプトなどの国々、サウジアラビアなど中東諸国、そしてインドという木材輸入国が存在しています。また、カナダやロシア・シベリア地域からの輸送ルートには中国という世界最大の木材輸入国があります。

製材品の貿易量を針葉樹で整理したものが図1-2です。世界の製材品消費量4億9,000万m^3のうち71％が針葉樹と多くを占めています。製材品に占める針葉樹が最も多いのはニュージーランドで消費量の99％を占め、次いでモロッコの98％、ドイツの96％、英国の95％、日本の93％、フランスの87％、エジプトの84％、イタリアの82％、米国の81％となります。

このように世界的に針葉樹製材品の消費量が多いのですが、人口が世界で最も多い中国（約14億人）は51％で辛うじて針葉樹が過半となっ

ており、2番目のインド（14億人弱）は32％と広葉樹製材品が多く、人口1億人弱のベトナムは8％と広葉樹製材品の消費量が大幅に上回っています。欧州でもスペインは32％と広葉樹製材品の消費量が多くなっています。

2019（令和1）年にニュージーランドへ調査に行ったとき、インドへのラジアータパイン製材品の輸出で苦戦しているという話を聞きました。広葉樹製材品の消費が主体のインドでは、針葉樹であるラジアータパインの製材品は普及していません。また、ベトナムは世界的な家具の生産国なので広葉樹製材品の消費量が多くなっています。

（2）世界の国別千人当たり製材品消費量

世界の国々の人口千人当たり製材品消費量をまとめたものが図1－3です。

一番多いのはフィンランドで682m³、続いてスウェーデンが642m³、

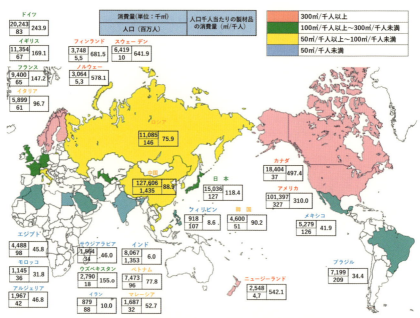

図1－3　世界の人口千人当たり製材品消費量
出典：FAO Yearbook of Forest Products 2018

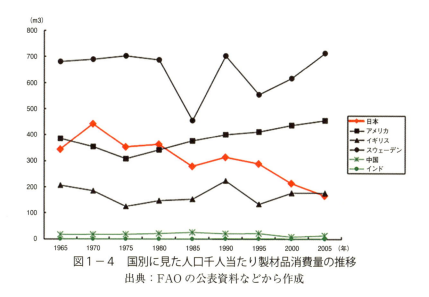

図1-4 国別に見た人口千人当たり製材品消費量の推移
出典：FAOの公表資料などから作成

ノルウェーが578m³と北欧が多く、次いでニュージーランドの542m³、カナダの497m³、米国の310m³となります。森林大国で木材生産量の多い国は、1人当たり製材品消費量も多くなっています。日本は118m³で、ドイツの243m³の半分、イギリスの170m³、フランスの147m³より少なくなっていますが、イタリアの97m³よりは多く、世界平均の64m³と比べるとほぼ倍の消費量になっています。

人口の多い中国は89m³ですが、インドは6m³とかなり少なくなっています。もし中国が日本と同じ消費量になると追加で4,200万m³、インドが中国と同じ消費量になると1億1,000万m³が必要になり、この2か国だけで世界の消費量（4億9,000万m³）の3割増しの製材品が必要になります。

主だった国の製材品の消費量の推移を示したものが図1-4です。日本の製材品消費量は、1970（昭和45）年時点では434m³と今の約4倍近くありました。当時は今の米国と同水準だったのですが、それ以降ずっと減少していき、2005（平成17）年時点ではイギリスと同じ水準になっています。

2005年時点のデータを見ますと、米国が446m³、日本が166m³、中

表 1 − 1　国別にみた人口千人当たり製材品消費量

(単位：m³)

国別	1965 年	1970 年	1975 年	1980 年
日本	343.3	437.7	352.9	365.3
アメリカ	495.5	454.2	400.4	406
ソビエト	465.8	463.5	425.8	349.8
イギリス	206	185.4	125.8	148.5
西ドイツ	221.3	226.7	184.2	248.9
フランス	190	214.4	183.1	237.5
イタリイ	95.1	118.9	97.4	146.9
スウェーデン	681.5	690.2	703.4	686.6
ノルウェー	534.9	585.8	532.4	601
カナダ	535.1	460.2	559.1	590.8
フィンランド	633.6	579	473.9	704.6
オーストラリア	391.7	350.9	316	288.9
ニュージーランド	679.5	581.1	630.6	421.3
ポーランド	205.4	202.5	238.5	192.8
ハンガリー	170.9	170.9	200.4	179.9
スペイン	88.1	96.1	88.9	81.6

出典：1965・1970 年の消費量は、FAO「Year book of Forest Product」1975
　　　1975・1980 年の消費量は、FAO「Year booknof Forest Product」1980
　　　生産＋輸入−輸出＝消費を算出し、総理府統計局編「国際統計要覧」所載の
　　　人口で割ったもの。

国が 15m³、インドが 13m³ となっています。この 13 年間で中国は 15
m³ から 89m³ へ急激に増加しています。総量では 1,900 万 m³ から 1 億
2,700 万 m³ へ、絶対量で 1 億 m³ 以上増加しており、日本の年間製材品
消費量の約 7 年分が増えたことになります。合板も、この間に 1,800 万
m³ から 1 億 500 万 m³ へ増加しています。

　これとは逆に、インドは 13m³ から 5 m³ へ減少しています。インド
の 2018（平成 30）年時点の製材品の消費量は約 800 万 m³ で、2005 年
時点の消費量約 1,500 万 m³ が間違っているのかもしれませんが、いず
れにしても低い水準です。

第 1 章　なぜ日本林業は世界で負け続けてきたのか

表 1 － 2　非建築用製材品の生産量

（単位：千 m³）

年次 (昭和)	土木 建設用	木箱仕組板 梱包用	家具 建具用	造船 車両用	その他	計	製材生産量 合計	非建築製材 の割合 (%)
40	2,029	2,901	2,577	395	1,585	9,487	33,275	28.5
41	2,132	2,958	2,692	375	1,613	9,770	35,501	27.5
42	2,141	3,055	2,889	435	1,787	10,307	38,236	27.0
43	2,198	3,308	2,749	394	1,940	10,589	40,344	26.2
44	2,057	3,246	2,756	395	1,888	10,342	41,400	25.0
45	1,917	3,573	2,987	440	1,693	10,610	42,165	25.2
46	1,820	3,578	3,131	411	1,544	10,484	41,858	25.0
47	1,778	3,494	3,059	377	1,495	10,203	44,061	23.2
48	1,828	3,600	3,332	424	1,742	10,926	45,339	24.1
49	1,477	3,399	2,768	387	1,574	9,605	40,333	23.8
50	1,208	2,827	2,671	281	1,386	8,373	37,452	22.4
51	1,177	3,012	2,813	327	1,461	8,790	39,222	22.4
52	1,234	3,090	2,819	259	1,434	8,836	38,171	23.1
53	1,275	3,041	2,803	251	1,453	8,823	38,846	22.7
54	1,293	3,050	2,785	286	1,470	8,884	39,579	22.4
55	1,239	3,156	2,512	252	1,439	8,598	36,858	23.3
56	1,116	2,959	2,114	196	1,251	7,636	32,557	23.5

出典：農林水産省統計情報部「木材需給報告書」

（3）日本の製材品消費量の変化

　日本の製材品消費量は、なぜこんなに減少してきたのでしょうか。私の恩師である赤井英夫・鹿児島大学名誉教授が 1984（昭和 59）年に書いた『新日本林業論』（日本林業調査会）では、表 1 － 1 をもとに様々な分析がなされています。先ほどの図 1 － 4 は、赤井教授の原データに加筆したものです。

　同書には、非建築用製材品の生産量が掲載されています。それが表 1 － 2 です。当時の製材品生産量に占める非建築用製材品の比率は 1965（昭和 40）年で 28.5％、低いときでも 1975、76 年で 22.4％となっており、製材品生産量の約 2 割から 3 割を占めていました。

　消費量の分析にあたっては関連する統計資料が少なく、生産量から類

23

写真1-3　ニュージーランドでつくられている杭木

推しています。それによると、量的に最も多いのは木箱仕組板梱包用で、1973（昭和48）年の360万m^3がピークとなっており、この分野でも非木質系の材料が多く使用されるようになっていました。次いで、家具建具用が333万m^3となっていますが、合板等新建材の使用が増加していました。2020（令和2）年のデータでは、木箱仕組板梱包用は97万m^3で1973年の約4分の1へと減少し、家具建具用に至っては6万m^3と2％へ大きく減少しています。

　木箱の製材工場については、2008（平成20）年頃に、北海道の釧路から根室にかけた一帯でお話を聞いたことがあります。当時はお花畑牧場の生キャラメルが爆発的な売れ行きで、その木製容器をつくっている道東の経木の工場が久しぶりの盛況に沸いていた頃です。

　余談になりますが、この頃視察した中で驚いたのは、ピアノの部品をつくっている工場でした。広葉樹の伐採量もかなり減少していたのですが、イタヤカエデの丸太を30cm程度に丸鋸で切り、それを上下から三角形の机上名札のようなもので鋏み押して割裂したものだけを使って、残りは薪にしていました。なんと贅沢な使い方だなと思いましたが、その後、この工場は閉鎖されました。また、今は閉鎖されていますが、野球のバット用の製材工場が襟裳岬に行く日高地方にあり、アオダモとい

24

う広葉樹をミカンを水平に切った切り口のように末口に対して三角形に製材しているのを見たことがあります。これも特徴のある製材工場でしたが、2019年に訪れたニュージーランドでは、1本の丸太を三角形に製材し複数本の杭木にしていました（写真1－3）。何と効率の良いことかと感心させられました。まだ日本では丸い杭木しか見たことがありません。

今の建築・生活様式では家に和室がほとんどなくなりましたので、家具建具用の製材品も減少しています。また、家具用材としてパーティクルボードや合板の利用が進んでおり、製材品の利用はかなり少なくなっています。ましてや、造船車両用の需要はほとんどなくなったと言えるでしょう。30年ほど前に、大手造船企業が防衛庁の機雷を除去する木造船をつくっている話を聞いたことがあります。それが船需要のほとんど最後になります。

いずれにしても、非建築用製材品の分野では、リンゴ箱やミカン箱はとっくの昔に段ボールに代わり、桶や樽などの製品はプラスチック製品に代替されています。さらに、物を輸送、荷役するパレットも、木製ではなく合成樹脂製のものが見られます。

土木建設用の消費量は、1968（昭和43）年の220万m^{3}から徐々に減少し、1975（昭和50）年には112万m^{3}へと半減しています。ただし、数年前に土木学界が木材を使うことを宣言するという明るいニュースがありました。最近はどの工事現場に行っても国産材、特にスギが使用されているのを見かけるようになってきました。この分野の国産材製材品の利用拡大は、今後も見込めると考えられます。

さて、現在の製材品消費量の多くを占める建築用の消費量が減少していることについては、様々な要因があげられます。住宅の構造を見ると、土台がべた基礎になり、床束についても鋼製や樹脂製のものに代わっています。外壁は、早くから製材品ではなくなりました。内壁も、石膏ボードの下地にクロス張りが主流になっています。ビルディングの中の間仕切りも、鋼製と石膏ボードです。身近なところから製材品が少なくなっています。

図1-5　和室の数の推移

出典:住宅・建築主要データ調査報告（1996（平成8）年度、戸建編、住宅金融公庫）

　和室の減少について調べたデータが図1-5です。この統計は1996（平成8）年度が最後で、和室はゼロ、若しくは1部屋だけの家が半分近くになっています。和室がなくなると、柾目や無節を売りにしていた製材品の需要が減少することになります。

　このような中で最も明るい話題は、都市地域で木造のビルが建てられ始めていることです。

　政界では、元復興大臣の吉野正芳衆議院議員を会長に「森林を活かす都市の木造化推進議員連盟」が立ち上がっており、林業・木材産業の関係団体も推進母体を立ち上げています。その中心になって活動しているのが元林野庁長官で日本林業協会会長の島田泰助氏です。

　彼は、林野庁長官時代に公共建築物を木造化する法案を成立させ、非住宅分野での木材利用を大きく前進させました。これは画期的なことです。日本は、第2次世界大戦後の長い間、住宅や非住宅に木材を使わないことを政策として進めてきました。それを覆したのです。戦後、復興

写真1-4　仙台駅前の木造7階建てビルの建築現場入り口の看板

写真1-5　仙台駅前木造7階建てビルの内部

資材が不足する中で、木材も不足しました。そういう状況の中で、1950（昭和25）年に衆議院で官公庁建築物の不燃化を進める都市建築物の不燃化の促進に関する決議がなされます。翌51年には、都市建築物等の耐火構造化、木材消費の抑制、未開発森林の開発を内容とする木材需要対策が閣議決定され、1955（昭和30）年にも、国・地方公共団体が率先して建築物を不燃化することが閣議決定されます。

　さらに、1959（昭和34）年には日本建築学会が防火、耐風水害のために木造禁止を決議します。これによって、例えば北海道では、木造に代わってブロック積みの住宅が推奨されました。これらの動きは、2010（平成22）年に「公共建築物等における木材の利用の促進に関する法律」が定められるまで続いたのです。この法律の成立に漕ぎ付けたのが当時

の島田長官です。その後、公共建築物の木造化が進められ、今日ではその領域を民間の建築物まで広げるようになっています。

　2020年に宮城県の仙台駅前にある木造7階建ビルの建築現場を見る機会がありました。そのビルは多くの製材品で建てられており、大都市の中心部で木造化の新たな動きが始まっていました。この分野での国産材の需要拡大が大きく期待されます（写真1-4、5）。

（4）世界の産業用丸太の輸入と輸出

　日本の木材自給率は、私が林野庁の木材課長になった2001（平成13）年頃までは年々減少し、2002（平成14）年には18.8％と最低を記録しました。当時は、外材の丸太や木材製品をたくさん輸入していました。

　図1-6は、1990（平成2）年と2005年の木材輸入量の変化を国際比較したものです。1990年には世界中で8,300万m³の丸太が取引され、日本は2,800万m³と3分の1を輸入していました。2005年の世界の丸太取引量は1.5倍の1億3,300万m³に増加したのですが、日本はその8％の1,100万m³しか輸入していません。この間に中国の輸入量が700万m³から3,000万m³へと増加し、2005年には中国が世界の輸入丸太の2割強を占めるようになり、今日まで増加を続けています。

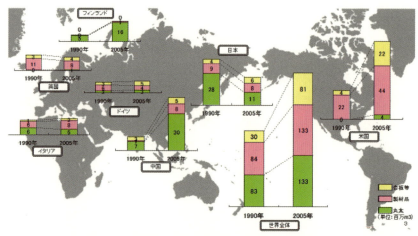

図1-6　1990年と2005年における木材輸入量の変化
　　　　出典：FAOの公表資料などから作成

図1−7　世界の木材（産業用丸太）消費量及び輸入量の推移
出典：令和2年度『森林・林業白書』

　製材品については、世界の取引量の3割前後を米国が輸入していますが、徐々に中国の輸入量が増加してきています。図1−7は、1995年から2018年までの世界の木材（産業用丸太、以下同じ）消費量と輸入量及び中国の占める割合の変化を示したものです。中国は、1994年に世界全体の木材消費量の7％を占めていましたが、2018年には12％にまで増加しています。驚くべきは木材輸入量に占める割合で、1995年には4％だったものが、2018年には43％と世界の半分近くを輸入しています。日本から一番近い国である中国が世界一の木材輸入国になっているのです。

　同じ『白書』に載っている世界の木材（産業用丸太、製材、合板等）輸入量と輸出量を主要国別に示したものが図1−8です。2008年と2018年の10年間の変化を見たもので、輸出量の産業用丸太を見ると、2008年に一番多かったロシア（3,678万m^3）が2018年には1,920万m^3へ半減した一方、2008年当時は664万m^3で世界第4位だったニュージーランドが2018年には2,141万m^3と世界一の輸出国になっています。ロシアは近年、丸太の輸出から製材品などの加工品の輸出にシフトしており、同じ図1−8の製材品の輸出量では2008年の1,526万m^3（世界第2位）から2018年には3,166万m^3へと倍増し世界一になっています。

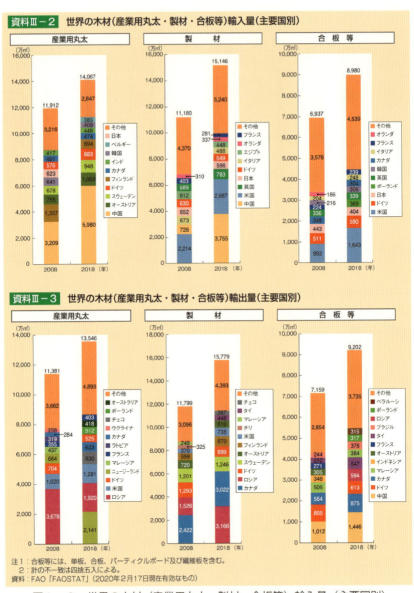

図1−8　世界の木材（産業用丸太・製材・合板等）輸入量（主要国別）
　　　　出典：令和2年度『森林・林業白書』

　さて、図1−9は2018年に産業用丸太を100万 m^3 以上輸入している国を黄色で、同じく輸出している国を紫色で塗り分けたものです。世

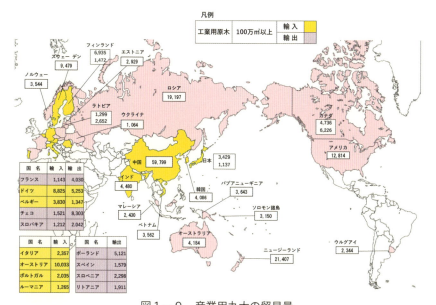

図1－9　産業用丸太の貿易量
出典：FAO Yearbook of Forest Products 2018

界の産業用丸太の輸入国は、製材品の大口消費国や輸入丸太を加工して製材品にして輸出している国があり混在していますが、大きく２つのグループに分けられます。１つが中国（5,979万9,000m^3）、インド（448万m^3）、ベトナム（356万4,000m^3）、そして日本（343万4,000m^3）と東アジアの国々が輸入しています。

もう１つは、オーストリア（1,057万7,000m^3）、スウェーデン（956万4,000m^3）、ドイツ（925万m^3）、フィンランド（695万2,000m^3）などの木材工業の盛んな国で、丸太を輸入しつつも製材品に加工して輸出する国、または、イタリア（318万7,000㎡）などの木材輸入国があります。そのうち、ドイツは約900万m^{3}の丸太を輸入し、約500万m^{3}の丸太を輸出しています。

2007（平成19）年に旭川市でドイツから輸入されたブナの丸太を見たことがあります。100年生以上の末口50cm以上ある人工林材ということで、約６万円/ m^{3}程度で輸入されていました。ドイツは、製材品についても約300万m^{3}輸出していますが，そのドイツから輸入された集

成材が、私が木材課長をしていた 2002 年の夏にトラブルを起こしました。ドイツから輸入された集成材が剥離を起こしたというのです。神奈川県の会社が建てた住宅の管柱が剥離を起こしており、施主のクレームを受けて建て直したのですが、JAS マーク付きの集成材の柱だったので、賠償を求めるというものでした。その集成材メーカーはノルウェーの JAS 認証機関が認証しており、日本の商社が輸入元でした。その関係者の主張では、ドイツで出荷した時には JAS の規格に合っていた製品だったが、海上輸送の途中でトラブルが発生したので製造メーカーは悪くないということでした。ドイツからは海上を約 2 万 3,000km、それも熱帯のインド洋マラッカ海峡を経由して約 8 週間かかって日本に届くのですが、その段階で集成材に劣化が起こったということです。本当にそうならば、日本に欧州から輸送中のすべての集成材を日本の港で全量再検査すべきと私は主張しました。マスコミからは国際問題になると脅されながら、8 月末のクーラーの切れた霞が関の暑い夜を 1 週間ほど過ごした記憶があります。解決するまでにはかなりの時間を費やしましたが、結果的にはドイツでの工場出荷時の確認の不十分さを認め、その集成材メーカーは日本から撤退しました。当時は木材自給率が 2 割を切り、外材の丸太や製材品がロシア、米国、ニュージーランドから長い距離を運ばれてきていました。

　この頃、丸太を輸出していたのは、南半球のニュージーランド（2,140 万 8,000m^3）、オーストラリア（420 万 7,000m^3）、北半球ではロシア（1,937 万 2,000m^3）、米国（1,313 万 2,000m^3）でした。それに加えて、チェコ（851 万 1,000m^3）やポーランド（531 万 6,000m^3）などの旧東欧圏、さらには、エストニア（292 万 9,000m^3）、ウクライナ（106 万 4,000m^3）などの旧ソヴィエト連邦からの輸出も見られました。

（5）世界の薪炭材を含む木材生産量の変遷と現状

　FAO は、2015（平成 27）年に世界の森林資源評価（FAO Global Forest Resources Assessment 2015、以下「FRA2015」と略）を公表しました。それによると、世界の木材生産量は 2011（平成 23）年時点で

表1-3 木材生産量上位10か国（2011年）

	国名	木材生産量（1,000m^3）	薪炭材割合（％）
1	インド	434,766	88.6
2	米国	324,433	12.5
3	ブラジル	228,929	50.7
4	ロシア	197,000	22.2
5	カナダ	149,855	2.5
6	エチオピア	104,209	97.2
7	コンゴ民主共和国	81,184	94.4
8	中国	74,496	9.3
9	ナイジェリア	72,633	87.0
10	スウェーデン	72,103	8.2
	計	1,739,608	

出典：FAO Global Forest Resources Assessment 2015

30億m^{3}であり、総蓄積の0.6％に相当しています。1990年から2011年にかけてわずかに増加し、特に低所得国では薪炭材への依存度が高いままであり、30億m^{3}の49％が薪炭材向けとなっています。

　薪炭材が木材生産量に占める割合は、各国の所得水準により大きく異なります。高所得国では17％、高中位所得国では40％ですが、低中位所得国では86％、低所得国では93％に上ります。「FRA2015」は今後の見通しについて、木材需要は世界的に増加し続けるとし、高所得国においては木材が再生可能なエネルギー源であることから木材生産量に占める薪炭材の割合が増加すると見込まれる一方、低所得国では薪炭材の割合が安定、あるいは減少する可能性もあると考えられています。

　「FRA2015」に掲載されている木材生産量上位10か国が表1-3です。世界で一番木材生産の多い国はインドで4億3,500万m^{3}であり、そのうち薪炭材の割合が88.6％となっています。この上位10か国の中で薪炭材の割合の多い国は、エチオピア（97.2％）、コンゴ民主共和国（94.4％）、ブラジル（50.7％）など、世界的にはまだまだ薪炭材の割合が多い国がたくさんあります。

　図1-10は、世界の木材生産量の推移です。世界の半分の国々では薪炭材の利用がかなり以前から続いてきたことがわかります。

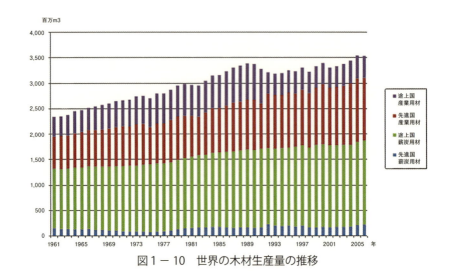

図1−10 世界の木材生産量の推移

表1−4 世界の薪炭材生産量と5大生産国

	Removals	Imports	Exports	Consumption
World	1 943 364	5 219	7 595	1 940 989
India	303 339	0	0	303 340
China	162 918	0	0	162 918
Brazil	123 442	0	0	123 442
Ethiopia	111 875	0	0	111 875
Dem. Rep. Congo	85 625	0	0	85 625

出典：FAO Yearbook of ForestProducts 2018

　最新のデータは、FAOの2018年の報告です（表1−4）。これによると、薪炭材は19億4,300万m^3生産されており、産業用丸太の20億2,700万m^3より若干少ないものの、約半分のシェアがあり、その生産量は増加しています。

　2011年における世界一の薪炭材生産国はインドで3億8,500万m^3、次いでブラジル1億1,600万m^3、エチオピア1億400万m^3、コンゴ民主共和国7,600万m^3となっており、2018年報告でも、インド3億300万m^3、ブラジル1億2,300万m^3、エチオピア1億1,200万m^3、コンゴ

34

第1章　なぜ日本林業は世界で負け続けてきたのか

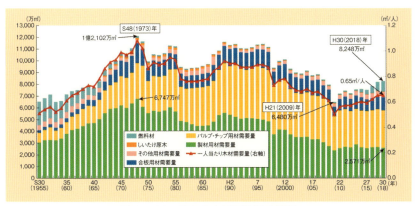

図1－11　日本の木材需要量の推移
注：2014（平成26）年から燃料用チップを「燃料材」に加えている。
出典：令和2年度『森林・林業白書』

民主共和国8,600万m³となっています。2018年報告の世界第2位は中国の1億6,300万m³ですが、2011年報告では約700万m³となっており、2018年報告が中国の現状に近いと考えられます。日本では、昭和30年代の燃料革命によって山村地域の薪炭材生産は壊滅しましたが、世界的にはまだまだ多くの薪炭材が生産され、消費されています。

図1－11は、1955年から2018年までの日本における製材用材、燃料材などの木材需要量の変化を示したものです。燃料材は2018年で902万m³となっており、昭和30年頃は薪炭材と言われていたものです。この表の注に2014（平成26）年から燃料用チップを「燃料材」に加えたとあるように、木質バイオマス発電施設での利用等により燃料用チップが増加しています。

では、日本の薪炭材生産の過去の動向はどうなっていたのでしょうか。図1－12は、1955年以降における木材需要の推移を用材・薪炭材別に示したものです。この図は、書籍『木材需給の動向と我が国林業』に掲載されており、同書には、「戦前以来30年代初めまでの我が国においては家庭用の燃料はそのほとんどが薪炭であったから、薪炭材の需要は極めて大きいものであった。……薪炭材需要は30年の1,993万立方米から32年の2,009万立方米まで増加した後、36年1,258万立方米へ

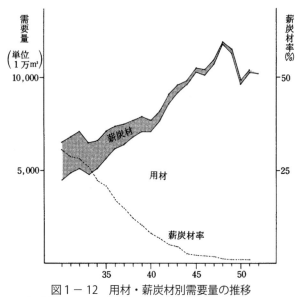

図1－12　用材・薪炭材別需要量の推移
出典：赤井英夫著『木材需給の動向と我が国林業』（日本林業調査会、1980年発行）

と激しく減少を見せている。」とあり、「30年の薪炭材率は30％、……30年代に入ると、暖房、炊事、風呂等の家庭用燃料として電気、ガス、石油等が多く用いられるようになった。このため32年を峠に薪炭材需要は激減することになる。」と記しています。

　私が小学校に入学したのは1957年です。当時は、どの家庭でも炊事は竃（カマド）で薪を燃やし、風呂も薪でした。特に、風呂を沸かすのは子供の仕事でした。もちろん冬には炬燵（コタツ）や火鉢があり、そこでは炭が焚かれていました。薪炭は貴重な資源として大切にされており、寒い冬でも子供は薪炭を自由に使わせてはもらえず、風呂を沸かすのは暖かく楽しいお手伝いでした。昭和30年代から40年前後までは、山には炭をつくっている方が多くいて、我が家の山林でも広葉樹林で炭を生産し、跡地にスギを植えている夫婦がいました。

　当時は炭1俵の値段と大工の手間賃が同じで、毎日1俵を大工に渡すと家が建つと言われていたことを思い出します。薪炭は、背負って山から出すのですが、ヤエン（野猿）という無動力で重力を利用した鉄線を

使った搬出装置が便利に使われていました。また、木馬（キンマ）とい
う丸太を枕木のように敷いたところを人力の橇（ソリ）で出している方
がいました。急傾斜地では埋めてあるワイヤーを取っ手に巻き付けて、
制動しながら降りて来る風景を目にしましたし、木馬道が崖に差しかか
ったところでは丸太の橋が手づくりされていて、その上の横木のいくら
かは釘付けされておらず、谷底の深い木馬道の桟道を渡るのは子供心に
も非常に怖かったことを覚えています。

　さて、『林業統計要覧』によると、薪炭材の立木伐採材積は、1955 年
で 2,160 万 m^3、1957 年で 2,208 万 m^3 となっており、先ほどの薪炭材需
要量 1,993 万 m^3、2,009 万 m^3 は造材歩留まり（山に立っている樹木を
伐採して丸太にして利用する割合）が 90％台になります。戦後のピー
クが 1947（昭和 22）年で 3,261 万 m^3 と今の日本の木材生産量よりも多
かったものが、1965 年には 956 万 m^3 と 1,000 万 m^3 を切り、1972（昭
和 47）年の 179 万 m^3 で統計がなくなっています。

　このように日本では、急激に薪炭材の需要がなくなっていきました。
『木材需給の動向と我が国林業』では、立木伐採材積からの造材歩留ま
りは 80％で計算されていますが、10 年ほど前までは、皆伐でも間伐で
も、その跡地には曲がりの大きい丸太やタンコロ（短く切った丸太の端
切れ）がいっぱいあって、造材歩留まりは 70％もいっていないのでは
ないかと感じていましたが、最近はそのような林地残材がかなりきれい
に持ち出されているように見受けられます。まさしく木質バイオマス発
電施設のおかげであり、2018 年は燃料材の需要が 900 万 m^3 もあり、山
の資源が半世紀ぶりに有効利用され始めています。これが 1 日も早く山
元立木価格のアップにつながることを願っています。

第2章
世界の森林はどうなっているのか

1. 世界の森林資源の変遷

　FAO（国連農業食糧機関）の森林資源調査（Global Forest Resources Assessment）2020年版の「主な調査結果の仮訳版」と「メインレポートの概要版」によると、世界の森林面積は約40億6,000万 ha で、陸地面積の約3割を占めています。図2-1に示したように、世界の森林の半分以上（54％）は、ロシア（8億 ha）、ブラジル（5億 ha）、カナダ（3.5億 ha）、米国（3億 ha）、中国（2億 ha）の5か国に分布しています。

　また、森林面積の多い上位10か国で、世界の森林面積の約66％を占めています（表2-1）。日本の国土に置き換えると、世界の10か国で日本に匹敵する森林率の森林を持っており、日本をはじめほとんどの国は日本の都市部程度の森林しか持っていないことになります。ただし、欧州や米国など35の先進国が加盟するOECDの国々の中では、日本の森林率（約68％）は上位にランクされます（表2-2）。なお、日本の森林面積は約2,500万 ha で、ロシアの32分の1、ブラジルの20分の1、米国の12分の1となっています。

　世界の森林の面積は1990年～2020年の30年間で1億7,800万 ha（日本の森林面積の7倍）減少しました。ただし、森林面積の純減速度

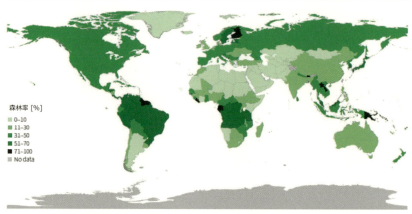

図2-1　総陸地面積に占める森林面積の割合（2020年）
出典：世界森林資源評価（FRA）2020 メインレポート概要版（林野庁作成）

第 2 章　世界の森林はどうなっているのか

表 2 - 1　世界の森林面積上位 10 か国（2020 年）

順位	国	森林面積		累計 [%]
		[1,000 ha]	世界の森林に占める割合[%]	
1	ロシア連邦	815,312	20	20
2	ブラジル	496,620	12	32
3	カナダ	346,928	9	41
4	アメリカ合衆国	309,795	8	49
5	中国	219,978	5	54
6	オーストラリア	134,005	3	57
7	コンゴ民主共和国	126,155	3	60
8	インドネシア	92,133	2	63
9	ペルー	72,330	2	64
10	インド	72,160	2	66

出典：世界森林資源評価（FRA）2020 メインレポート概要版（林野庁作成）

表 2 - 2　OECD 加盟国森林率上位 10 か国（2020 年）

順位	国	森林面積 [1,000 ha]	森林率[%]
1	フィンランド	22,409	73.7
2	スウェーデン	27,980	68.7
3	日本	24,935	68.4
4	韓国	6,287	64.5
5	スロベニア	1,238	61.5
6	エストニア	2,438	56.1
7	ラトビア	3,411	54.9
8	コロンビア	59,142	53.3
9	オーストリア	3,899	47.3
10	スロバキア	1,926	40.1

※ 2020年7月時点のOECD加盟国37か国で計算

出典：世界森林資源評価（FRA）2020 メインレポート概要版（林野庁作成）

は、1990 年〜 2000 年が年平均 748 万 ha、2000 年〜 2010 年が 517 万 ha、2010 年〜 2020 年が 474 万 ha と減速しつつあります。しかし、アフリカでは 2010 年〜 2020 年の純減速度が最大になっています。一方、アジアでは、2010 〜 2020 年に中国の森林が約 200 万 ha 増加したことなどによって地域全体では純増傾向になったと報告されています。

世界の森林の 93％にあたる 37 億 ha は天然林であり、人工林はわずか 7％の 2 億 9,000 万 ha を占めているにすぎません。また、世界全体の森林蓄積が 5,570 億 m^3、ha 当たりの平均蓄積は 137m^3 です。単位面積当たりの蓄積は、熱帯地域で最も高くなっており、世界全体の蓄積の約 2 割をブラジルが占め、次いで、ロシア、カナダ、米国の順となっています。

2．世界にある様々な森林

世界には様々な森林があります。私もこれまでいろいろな森林を見てきました。

最初に訪れた海外の森林は、米国西海岸サンフランシスコ近郊の森林で、その後ネバダ州のグランドキャニオンに行き広大な平原を見ました。映画では見たことがありましたが、実際に現地に行ってスケールの大きさに感動したことを思い出します。

熱帯林は、インドネシアでラワン材の伐採現場を見ました。まさしくジャングルというところでした。この現場には、夕陽で有名なマカッサルからルークという街まで、足元に穴の空いた古いセスナ機で行きました。インドネシアのボゴール植物園では、樹木を逆さまにしたようなバオバブという木を見ました。バオバブは、マダガスカル島にあるということです。

亜寒帯林は、フィンランドのサンタクロースの町・ロバニエミ近くの森林を見ました（写真 2 － 1）。ここは北極圏で、どこまで行っても針葉樹林の一斉林が広がっていました。訪れたときは 6 月の白夜のときで、夜中でも太陽が沈みません。眠いのを我慢して、太陽が地平線に沈まずにまた昇っていくのを見て、不思議なこともあるものだと思いました。

第2章　世界の森林はどうなっているのか

写真2－1　フィンランドの北極圏近くの森林（1997年、著者撮影）

　昭和の終わりには、振動障害裁判の証拠資料をつくりにイギリスとスウェーデンに行きました。その帰りに、ブリティッシュ・エアウェイズの180度視界が開けたコクピットから人工物のない山と川だけが延々と広がるシベリアの森林を見ました。人手の入っていない森林がこんなにもあるのかと驚きました。このとき、振動障害の世界的権威であるスコットランド人の科学者を訪ねて、エジンバラより北にある海に面したアバディーンという街に行きました。行きは飛行機だったのですが、帰りはロンドンまで列車を利用したので、イギリスには森林がなく、牧草地や農地が延々と広がる風景を見ることができました。

　砂漠地帯の森林は、オマーンで見たのが最初です。この国には乳香という木があって、クレオパトラやシンドバッドの時代から香料として使われていると、国王一族の王子に教わりました。乳香の木がある砂漠までは行けなかったのですが、首都マスカット近郊の風景を見て、本当にいろいろな森林があると実感しました。同時に驚いたのは、オマーンには高い山脈があり、インド洋から吹く風がその山脈に当たって水が豊富

43

写真2−2　中国、砂漠の植林地と林相（2004年、著者撮影）

写真2−3　タンザニア、セレンゲティ国立公園（2018年、著者撮影）

第2章　世界の森林はどうなっているのか

＜コラム＞森林と原野はどこが違うのか

　森林と原野の区別はどうなっているのでしょうか。日本では、森林法で森林について定義しています。一方、原野については、国土利用計画に農地、森林とともに原野の区分があります。私は、昭和50年代に国土庁に出向していた頃、どこまでが農地で、どこからが原野か、そして森林かという議論をしていました。日比谷公園の森林は森林でないとか、上野公園の森林は戦時中に森林法上の伐採許可を出さなかったため左遷された山林局長がいた、だから森林だなどと話していました。そして原野について調査をすることになり、私が担当になりました。調査を始めるにあたって、そもそも林野庁が定義する「林野」とは？というところから始めました。「林野」については、1951（昭和26）年に制定された国有林野の管理経営に関する法律の第2条の「国有林野」の中で「国の所有に属する森林原野」と定義されています。当時は、まだ森林と原野に分けて面積統計があり、戦前には百万 ha のオーダーで原野が存在していました。

　では、原野と、農地の採草放牧地はどう違うのでしょうか。原野は単なる火入れ採草しているところに対して、農地の採草放牧地は肥培管理しているなど、それなりに区分されています。

　もちろん、FAO は森林について世界共通の定義を定めています。ただし、FAO に勤務していた林野庁 OB などに聞くと、各国はFAO の森林の定義に従って調査はするものの、最後は自国の統計を使っての判断になり、国によっては道路の沿道に人工植栽された樹木も森林にカウントされているということです。

に湧出しており、中東一番の水輸出国であるということでした。

　砂漠の緑化については、中国寧夏ウイグル自治区、昔のシルクロードにあった西夏という国の首都・銀川近郊の砂漠緑化の状況を見ました

45

（写真２－２）。一帯は黄土高原というゴビ砂漠の一部で、見渡す限りの砂漠です。その緑化に取り組んでいました。日中間の協力で緑化した最初の頃の植林地は、それなりの森林に育ち、樹木の足元には森林土壌が形成され始めていました。

原野風の森林は、タンザニアのセレンゲティ国立公園や、そこに行く途中のンゴロンゴロというカルデラ地形の原野、マサイ族の放牧地などを見ました（写真２－３）。特に、セレンゲティ国立公園は関東平野ぐらいの疎林で、ライオン、象、キリンなどの野生動物が動き回る姿に加え、ヌーの大群や疎林の周りをインパラが飛び跳ねる姿が印象的でした。このほか、ドイツの黒い森やカナダ・アルバータ州の広大に続く林相も圧巻でした。

3．世界の森林蓄積

図２－２に、国別の森林蓄積、ha 当たりの蓄積、針葉樹の蓄積を示しました。もとのデータは FAO Global Forest Resources Assessment 2015（以下「FAO2015」と略）ですが、これには日本やカナダからの報告があNo.りません。そこで、日本の森林蓄積などについては、林野庁の「森林資源の現況」（2017（平成 29）年 3 月 31 日現在）を使いました。それによると、日本の森林蓄積は 52 億 4,100m^3、ha 当たり蓄積は 221m^3 となっています。

これを踏まえて、ha 当たり蓄積が日本より多い国を赤色で示し、日本より少なく 100m^3 以上の国を黄色、100m^3 以下の国を水色で分けてみました。

日本より ha 当たり蓄積の多い国は、南半球のニュージーランド（392m^3/ha）、欧州のドイツ（321m^3/ha）、オーストリア（299m^3/ha）、そして旧東欧圏のルーマニア（281m^3/ha）や旧ソビエト連邦のウクライナ（227m^3/ha）です。これらの国の森林から日本は多くの木材を輸入しています。

これらの国の針葉樹の蓄積量は、ドイツが 22 億 m^3、ニュージーランドが 11 億 m^3、オーストリアが 9 億 m^3 です。これに比べて、日本は 37

第2章 世界の森林はどうなっているのか

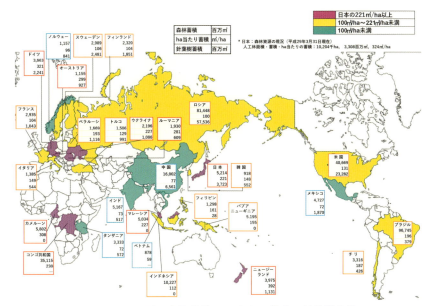

図2−2　国別の森林蓄積、ha当たり蓄積、針葉樹蓄積
出典：FAO Global Forest Resources Assessment 2015を改変

億m³と収穫期に達したスギ、ヒノキなどの針葉樹が多くなっています。日本への木材輸入量が多い北欧は、スウェーデンが25億m³、フィンランドが19億m³と一定の蓄積はありますが、ha当たり蓄積はそれぞれ106m³/ha、104m³/haと日本の半分以下しかありません。北極圏など緯度の高い地域を含むこれらの国の森林の年間成長量が低いことがわかります。

熱帯地域にもha当たり蓄積の多い国があります。カメルーン（308m³/ha）、コンゴ民主共和国（230m³/ha）のあるアフリカ地域と、ラワン材のあるマレーシア（227m³/ha）です。このラワン材は、戦後当初フィリピンから、その後はインドネシア、パプアニューギニアから日本に輸入されていましたが、今はマレーシアからの輸入が多くなっています。現在のha当たり蓄積は、フィリピンが161m³/ha、パプアニューギニアが155m³/ha、インドネシアが112m³/haとマレーシアよりかなり少なくなっています。これらの熱帯地域の森林は、針葉樹林がほとんどなく、大半が広葉樹林となっています。

＜コラム＞スエズ運河のコンテナ船座礁事故から見えたこと

　2021（令和3）年3月にスエズ運河で大型のコンテナ船が座礁する事故が起きました。日本の会社が所有する船で、全長400m、全幅59m、約22万tというとてつもない大きさです。積み荷のコンテナは20フィートコンテナ換算で約2万本になるそうです。大阪と大分などを結んでいる「フェリーさんふらわあ」は全長192m、全幅27m、約1.4万tですから2倍以上の大きさです。

　日本には欧州から木材がたくさん輸入されていますが、スエズ運河を通って運ばれています。20年ほど前に秋田の集成材メーカーに聞いた話ですが、その工場では集成材用のラミナ（挽き板）を欧州からコンテナ船に積んでスエズ運河経由で韓国の釜山まで運び、そこから別のコンテナ船で秋田港、そして秋田港から車で能代の工場に持ってきていました。その過程で一番費用がかかるのが一番距離の短い秋田港からの車の運賃、次が釜山港からの船運賃、そして一番安いのが最も距離の長い欧州から釜山までのコンテナ船代ということでした。

　最近になっても集成材の分野では、欧州材のラミナコストになかなか太刀打ちできずにきていますが、スエズ運河でのコンテナ船座礁事故で中国と欧州の貿易が盛んになっており、コンテナ船の急速な大型化が進み、船運賃の競争力が強化されていることが改めて認識されました。日本の伐採から加工場までの生産コストの削減・合理化が課題として浮き彫りになったと今回の事故で思いました。

　熱帯地域で最大の蓄積を持つ国はブラジル（196m³/ha）の967億㎥です。（ただし、FRA2020メインレポート概要版によると、ブラジルの蓄積は1,200億m³と報告されており、数字がかなり違います。）日本の蓄積の約20倍（約24倍）もの森林がアマゾン流域を中心に広がっているのです。

　ちなみに、アマゾン川流域の熱帯林保全には、日本も様々な協力をし

てきています。私は昭和50年代に林野庁で国際協力を担当した頃に、その調査報告をよく聞かされました。特に驚いたのは、アマゾン川のかなり上流に位置するペルー国内まで1万t級の船が来ているということでした。当時、同じ大きさのフェリーが鹿児島、高知、名古屋などを結んでいました。

さて、針葉樹の最大の保有国はロシアの575億m^3であり、次いで米国が233億m^3となっています。ただし、ha当たり蓄積は、ロシアが100m^3/ha、米国が131m^3/haと、両国とも日本より少なくなっています。両国とも領土が広く、蓄積の高い森林地帯も多く存在していますが、天然林、一次林、二次林の伐採が進んでha当たり蓄積が低下していることが窺えます。

なお、ロシアは蓄積の71%が針葉樹ですが、米国は57%が針葉樹で広葉樹も一定の蓄積があります。なお、日本の針葉樹蓄積は、ロシアと同水準の71%です。

写真2-4 スウェーデンの林相（2016年、著者撮影）

このように見てくると、針葉樹の蓄積の多い国は、スウェーデン（83％）（写真2-4）、オーストリア（80％）、フィンランド（80％）と言うことができます。

　中国やインドは人口が多く、木材消費量も大きいのですが、ha当たり蓄積は中国が77m^3/ha、インドが73m^3/haと低く、世界から大量の木材を輸入しています。フランスのha当たり蓄積も104m^3/haしかありません。フランスは、広葉樹が3分の2近くを占めており、木材生産量（約5,000万m^3）の半分近くを薪炭材が占める欧州最右翼の農業国となっています。

　東南アジアの国々における針葉樹蓄積量をみると、フィリピンの2,800万m^{3}を除けば、インドネシアとマレーシアはゼロと報告されていますので、針葉樹林はほとんど存在していません。昭和50年代に日本による造林の技術協力によりラワン材の伐採跡地でマツ類の人工植栽が行われましたので、一部にマツ林はあるでしょうが、多くはないでしょう。

4．世界の人工林

　先にも述べた通り、世界の人工林は、森林面積全体の7％、2億9,400万haしかありません。地域別にみると、アジアの人工林面積は1億3,500万haで、世界全体の人工林の46％を占めており、次いで、ロシアを除く欧州が30％を占めています。

　世界の人工林面積は、1990〜2020年の30年間に1億2,300万ha増加しています。ただし、年平均の増加面積は、1990〜2000年が406万ha、2000〜2010年が513万ha、2010〜2020年が306万haとペースは低下してきています。また、2010〜2020年の増加面積の大部分をアジアが占め、特に中国では年平均で114万haも人工林面積が増加しているということです。

　世界の人工林のうち日本のように単一樹種、または2樹種の同齢林等で構成されるものは1億3,100万haであり、残りの1億6,000万haは

生態系保護や水土保全を目的にして管理されていると FAO Global Forest Resources Assessment 2020（以下「FRA2020」と略）で初めて報告されました。世界の人工林には砂漠の緑化のようなものも含まれており、すべてが日本の人工林のようなものではないと以前から思っていましたが、55％もの広大な面積が生態系保護や水土保全を目的にしているとは意外でした。

　日本の人工林と同じ概念といえるプランテーションの比率が最も高い地域は南米で、人工林の99％を占め、ほぼすべてが外来種だそうです。南米のブラジルでは、日本の製紙企業も大面積の人工林を造成しています。一方、プランテーションの比率が最も低い地域は、ヨーロッパです。

　表2－3に、人工林面積の大きい上位10か国を示しました。この10か国の人工林の合計は2億1,100万haで世界全体の72％を占めます。その中でも、中国の人工林は8,470万haと世界の人工林面積の約3割を占めています。ただし、この8,470万haには、砂漠緑化などの生態系保護や地震や洪水等で崩壊した林地復旧という水土保全のための人工林がかなり含まれていると思われます。

　世界の人工林面積は、約1億2,000万haという時期がしばらく続きました。私は講演などで、「日本の森林面積は世界の約160分の1です

表2－3　人工林面積の多い上位10か国

順位	国名	人工林面積 [千ha]	（参考） 人工林率 [％]
1	中国	84,700	38.5
2	米国	27,500	8.9
3	ロシア	18,900	2.3
4	カナダ	18,200	5.2
5	スウェーデン	13,900	49.7
6	インド	13,300	18.4
7	ブラジル	11,200	2.3
8	日本	10,200	40.8
9	フィンランド	7,400	32.9
10	ドイツ	5,710	50.0

が、人工林面積は12分の1という非常に貴重なものです」とよく言ってきました。最近はそれが29分の1くらいにダウンしてきたと思っていたのですが、世界の人工林面積の55％は生態系保護や水土保全のためのものですから、日本の1,000万haに達する人工林面積の利用価値は世界的に見ても高いと言えます。

　林業の国際競争力は、人工林を構成する樹種別に見るべきです。

　日本の人工林の内訳は、スギが約440万ha、ヒノキが約260万ha、カラマツが約100万ha、トドマツが約70万haとなっています。一方、ニュージーランドは、約170万haの人工林のうち約150万haがラジアータパインで、世界でもトップクラスの競争力を持っています。ニュージーランドと比べても、日本の人工林は、樹種別の塊として大きく、競争力という面で高いポテンシャルを持っていると言えます。

　ただし、日本の人工林は、更新するのに手間がかかります。北海道のトドマツは天然更新しますが、スギ、ヒノキ、カラマツについては、林道端などの一部で天然更新した稚樹を見かけることはあるものの、ほとんどの林地では苗木を人手で植栽する必要があります。マツ類などの天然更新が可能な北欧やカナダの人工林に比べて条件が厳しく、この克服が必要です。最近では、1年中簡易に植栽できるコンテナ苗の導入が進んできており、期待が持てます。

　2019（令和1）年にニュージーランドのラジアータパイン林を訪れたとき、天然更新した稚樹を抜き取り、育種苗を人手で植えている様子を見ました。つまり、育種事業の成果が天然更新よりも価値のあるものを生み出しているのです。日本でも、昭和30年代から行われてきたスギやヒノキなどの育種事業により、素性や材質が優れ成長も良いエリートツリーが出荷され始めており、この点では世界との競争力は確保されつつあります（図2－3）。

　ところで、日本の人工林も様々なところに植えられており、なかにはFAOの定義でいうプランテーションとは言えない人工林もあります。スギについては標高の高いところや痩せた土地に植えられたものは成長しておらず、440万haすべてが木材生産の対象にはなりません。最近

第2章　世界の森林はどうなっているのか

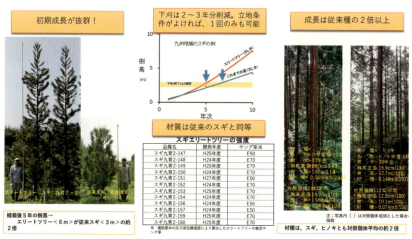

図2-3　エリートツリーの優位性
出典：林野庁資料

になって植えられているスギは、長年の育種事業の成果もあって、成長が良く通直性に優れていますが、戦後から高度成長期に新興林業地帯に植えられたスギには曲がったものがよく見られます。

　ヒノキ人工林にも、プランテーションとは言えないものがあります。私は岩手県の水沢営林署で金ヶ崎担当区主任を1977（昭和52）年4月から1年4か月勤めました。管轄区域は雪深いところで、冬には一面雪で覆われます。そこに駒ヶ岳という山があり、中腹は広葉樹林ですが、尾根のところに盆栽のような樹形をしたヒノキが多く見られる場所がありました。調べると、明治の特別経営時代に天然林を伐採して、跡地にヒノキを植えたところでした。成績不良で大半は広葉樹に戻ってしまったのですが、陰樹であるヒノキの一部が尾根筋に残ったと推察されました。その後、同じ岩手県の住田町に出向してヒノキの成林した人工林を見て、この付近がヒノキの北限であり、伊達藩と南部藩の境とも一致していることがわかりました。この境界付近の成林したヒノキ林分には「ろう脂病」が見られ、ヒノキ造林適地としての北限であることを確認しました。

　昭和40年代の前半、ヒノキの価格がスギの倍にまで急激に上昇する

53

と、私の育った九州では、スギの適地と思われていたところにまでヒノキが植えられるようになりました。しかし、成林したヒノキ林分をよく見ると、根元の膨らんだ「トックリ病」にかかっているものが多くあります。

　また、「マツノザイセンチュウ病」、通称「松くい虫病」の蔓延によってアカマツの植林地が被害を受け、その跡地にヒノキを植えたところもあります。

　このようにスギ 440 万 ha、ヒノキ 260 万 ha という人工林の面積は割り引いて見る必要があります。

　人工林を造成するときの基本は「適地適木」と言われますが、通常、林業の収穫時期は約半世紀後と長く、将来の経済情勢や木材加工技術の発展などを植栽時点で見通すのはなかなか難しいものがあります。金ヶ崎担当区主任時代、春に何を植えるか悩んでカラマツを選んだら、署のベテランの造林係からスギに代えるようにとの意見が出ました。隣の林分でスギの「赤枯病」が見られ、冬の寒風で穂先が枯れて枝分かれているスギが多くあることからカラマツにしたのですが、「カラマツの先枯病」が蔓延していることに加え、ネジレなどの狂いが発生して木材として利用価値が低いから植えない方がよいという見解でした。しかし、私に決定権がありましたので、ここではカラマツを植えました。その植林地を 20 年くらい前に見に行ったのですが、それなりに成林していました。今、カラマツは北日本で一番利用価値の高い木になっていますので、当時の判断は正しかったと思っています。

5．世界の木材生産林

　世界で利用されている木材は、2 億 9,000 万 ha の人工林のうち、先に述べた 1 億 3,100 万 ha を中心に供給されていますが、そのほかでも生産されています。

　原生林（在来種で構成され明確な人為活動の痕跡がなく、生態系プロセスが著しく乱されていない森林）は、世界に少なくとも 11 億 1,000

第2章　世界の森林はどうなっているのか

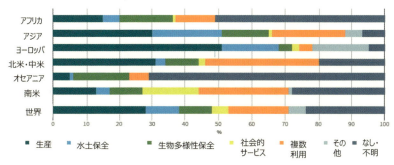

図2－4　地域別の主要な管理経営目的（2020年）
出典：世界森林資源評価（FRA）2020 メインレポート概要版（林野庁作成）

万haあり、ブラジル、カナダ及びロシアの3か国で世界の原生林の61％を占めているとされています。ただし、原生林からは基本的に木材は生産されておらず、世界の森林面積（40億6,000万ha）から原生林（11億1,000万ha）を引いた29億5,000万haが生産対象になると考えられます。

「FRA2020」では、森林の管理経営目的について、「生産（木材や繊維、バイオエネルギーや特用林産物等の生産）」、「水土保全」、「生物多様性保全」、「社会的サービス（レクリエーション、観光、教育、研究、文化的・宗教的な場所の保全等）」、「複数利用」、「その他」と大きく6つに区分した調査結果を報告しています（図2－4）。それによると、「生産」が28％、「複数利用」が18％、「水土保全」が10％、「生物多様性保全」が10％となっています。最も多いのが「生産」で、面積では11億5,000万haであり、この部分を中心に木材の供給が行われています。

「生産」を主要な目的とした森林の割合が大きいのはヨーロッパ（ロシアを含む）で、世界の面積の5割を占めています。ヨーロッパの森林面積は約10億haなので、生産目的の森林は約5億haということになります。また、ロシアの森林面積を除くとヨーロッパの生産林は6,000万haになります。つまり、世界の生産林の約4割にあたる約4億5,000万haがロシアにあるということです。

また、北米・中米の生産林は2億1,000万haで、世界の森林面積の

55

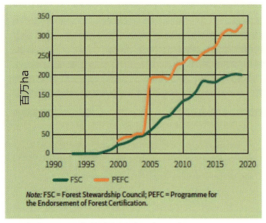

図2−5 FSC及びPEFCによる森林認証面積（1990〜2020年）

出典：世界森林資源評価（FRA）2020メインレポート概要版（林野庁作成）

約2割を占めており、ロシアと北米・中米で世界の生産林の5割近くになります。スギやヒノキの競争相手を考えると、ロシア、米国、カナダに加え、スウェーデン、フィンランド、ドイツ、オーストリアなどのヨーロッパの生産林6,000万ha、そして、面積は小さいのですがニュージーランドの170万haやチリの304万haといった南半球の人工林になります。

　また、視点は全く違いますが、「FRA2020」には森林認証についても報告されており、世界では主にFSCとPEFCが普及しており、その認証面積の推移は図2−5のようになっています。2019年時点で、世界の森林面積のうち、FSCによる認証面積は2億ha、PEFCによる認証面積は3億1,900万haであり、重複して認証されている森林面積を除いた世界の森林認証面積は4億2,600万haになるとされています。この4億2,600万haが世界の木材供給の中核的存在になると考えられます。

第3章
敵を知る
―主要林業国の実力―

本章では、スギ、ヒノキ、トドマツなどの国産材の競争相手になる世界の主要林業国について、その実力を見ていきます。

1．米国

米国の林業や木材産業を視察する機会は、林野庁時代にはありませんでしたが、2023（令和5）年6月に米国の西部と南部を訪問することができました。

今、米国では、フェンスやデッキ材など屋外に用いられる外構材に使われてきたウェスタンレッドシダー（米スギ）の供給力が低下し、代替材として日本のスギが注目されてきています。

当初は中国のコウヨウザンが使われ、2014（平成26）年前後から日本のスギが中国で加工・輸出されるようになり、2017（平成29）年頃から日本国内で加工されたスギ製材品が米国へ輸出されるようになりました。

2021（令和3）年のウッドショックのときは、米国向けの欧州材輸出量が大きく伸びたのに対し、日本から米国への輸出量はそれほど増えませんでした。日本のスギ、ヒノキという樹種が米国における木造建築物の設計・施工・材料の仕様書にないため、構造材として輸出できるチャンスを逸してしまいました。そこで、現在、米国の製材格付け機関の1つであるPLIB（太平洋木材検査機関）やオレゴン州立大学にお願いしてスギ、ヒノキの強度性能試験に取り組んでいます。

私は、オレゴン州立大学などとの打ち合わせと輸出市場調査のために渡米し、日本にも住宅用材として輸入されているベイマツのある西部オレゴン州と、世界的に見ても大規模な人工林資源であるサザンイエローパインのある南部ジョージア州、さらに東部インディアナ州の広葉樹林を視察しました。

さて、米国における林業の展開過程については、書籍『世界の木材貿易構造』（村嶌由直・荒谷明日兒編著、日本林業調査会、2000年発行）に、次のように詳述されています。

58

第3章　敵を知る

「アメリカ大陸では19世紀半ばからホワイトパインを求めメイン州などが最大の産地となり、その後ニューヨーク州など南境に広がった。さらに、五大湖周辺やアパラチア山脈に広がり、1880年代になると南部への鉄道が延伸しサザンイエローパインの開発が始まった。1909年南部サザンイエローパインの生産は峠を越し、西へ移動、西海岸のレッドウッドやダグラスファー、カスケード山脈のパイン開発がおこなわれた。第一次世界大戦後は、林業フロンティアはアラスカを残すのみとなった。それでも1970〜80年代までは北西部の国有林や州有林ではオールドグロスの伐採が続いた。1980年代に入るとオールドグロスを保全すべきだという動きが押し寄せセカンドグロス供給の時代に入った。このような中で欧州などの保続型林業に米国が加わり、世界の木材市場はいっきに人工林材を中心とする時代に入った。」

このように、米国の林業・木材産業も21世紀に入って人工林の時代を迎えています。

また、書籍『世界の林業　―欧米諸国の私有林経営―』（白石則彦監修、日本林業調査会、2010年発行）では、次のように記しています。

「米国の国土面積の33％の約3億4,000万haが森林面積で、年間1.4m^3/ha以上成長する経済林が2億1,000万haである。経済林の蓄積は約260億m^3、うち針葉樹150億m^3、広葉樹115億m^{3}である。年間成長量は7億6,000万m^{3}で、針葉樹4億3,000万m^3、広葉樹3億3,000万m^{3}である。年間成長量8.4m^3/ha以上が3,000万ha、5.9〜8.3m^3/haが4,300万haである。」

私は、林業投資の対象になるのは年間成長量8m^3/ha以上の森林だと考えています。これだけの年間成長量があれば、50年で400m^3/ha、歩留まり約7割で300m^3/haの収穫が見込めます。日本の人工林の大半は8m^3/ha以上の年間成長量を持っていますが、その総面積の3倍にあたる約3,000万haもの森林が米国にはあるのです。

まさしく、米国は世界屈指の林業大国と言えます。

余談になりますが、学生時代の終わりに、サンフランシスコやロサンゼルスを訪ねたことがあります。そのときの最大の目的は、ヨセミテ国

59

写真3−1　米国のグランドキャニオン（後姿は20代当時の著者）

立公園にあるジャイアントセコイアを見ることでしたが、サンフランシスコに着いたらヨセミテ国立公園は立ち入り禁止で、代わりに海岸寄りにある森林公園に行きました。それなりに大きな木を見ることはできましたが、屋久島の縄文杉のような大木にはお目にかかれませんでした。それでも、もう1つの目的だったグランドキャニオンに向かい、西部劇に出てくるような広大な平原と大規模な浸食によって形成された森林のない光景をセスナ機から見ました。九州南部育ちの私にとっては、カルチャーショックの連続で、その後の林野庁での仕事に大いに役立ちました（写真3−1）。

　さて、米国の森林資源などに関するデータをまとめた「Forest Resources of the United States, 2017」（以下「FRUS2017」と略）によると、米国の森林は、国有林（Federal）、州有林（State）などの公有林（Public）と、会社有林（Corporate）などの私有林（Private）に分かれます（図3−1）。

　「FRUS2017」には、米国の州別の人工林面積が載っています。主だった州を示すと図3−2のようになります。

第3章　敵を知る

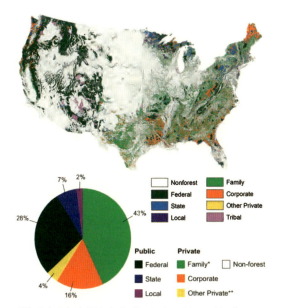

図3−1　米国の所有区分別森林分布図
出典：「FRUS2017」

図3−2　米国の州別人工林面積
出典：「FRUS2017」

米国の人工林面積は約 2,800 万 ha で、中国に次ぐ大きさです。その内訳は、サザンイエローパイン（Southern Yellow Pine）が主に分布する南部地域のジョージア州（311 万 ha）、アラバマ州（303 万 ha）、ミシシッピー州（249 万 ha）、ルイジアナ州（187 万 ha）などに約 2,000 万 ha あり、ベイマツ（Douglas fir）が主に分布する太平洋沿岸地域のオレゴン州（265 万 ha）、ワシントン州（193 万 ha）などに約 500 万 ha があります。

　米国の木材生産量については、農務省山林局が州ごとに年次の異なる調査を 10 年ごとに発表しています。その 2016 年版のデータが林野庁の調査事業報告書（「クリーンウッド」利用推進事業のうち海外情報収集事業、2023 年 3 月、以下「2023 年海外情報」と略）に載っています。それによると全米の製材用伐採量は約 1 億 6,000 万 m^3 で、南部で約 7,000 万 m^3、ワシントン・オレゴン両州で約 4,000 万 m^3 と、この 2 つの地域で全体の 7 割を占めています。また、米国の製材品生産量は約 1 億 m^3 で、南部で約 5,000 万 m^3 と半分を占め、次いで西部が約 3,400 万 m^3 と多く、この 2 つの地域で全体の 9 割近くを占めています。

　「2023 年海外情報」によると、かつては「西部は豊富な森林資源を背景に全米屈指の製材産地としての地位を築いていたが、生物資源保護にともなう伐採規制により丸太と製材品の生産量が減少した。その結果、地域別製材品生産量は、1990 年代初頭に南部が西部の生産量を上回り、現在に至っている。」ということで、西部には森林資源はまだありますが、産業用の資源ではないものが多く賦存しています。

　それでは、この 2 つの針葉樹人工林地域と、東部の広葉樹林地域の実力を詳しく見ていきましょう。

（1）米国西部、太平洋沿岸部のベイマツ

　はじめに、日本へ大量の木材を輸出している米国西部のワシントン州とオレゴン州の現状を見ます。

　「2023 年海外情報」によると、米国で産業用材を生産できる立木地は約 2 億 2,000 万 ha で、全森林の 67％を占めています。立木地の地域別

割合は、サザンイエローパインがある南部が40％と最も多く、西部も面積は広いものの保護林が多いので26％と、北部の32％よりも少なくなっています。保護林は全森林の11％で、その8割は西部に集中しています。

対日木材輸出量の多いワシントン州やオレゴン州は、1990年代まではベイツガ（Western Hemlock）の丸太を日本に輸出し、日本の沿岸に立地する製材工場でスギと競合する柱角などに加工されていました。その後、米国国有林から優良材であるオールドグロスの供給がなくなったため、最近ではベイツガの製材品は防腐注入土台以外は見かけなくなりました。現在、米国西部から輸出される商業用樹種のメインはベイマツであり、日本の住宅の梁、桁として利用されています。なお、優良材の減ったベイツガですが、今でもコースト地域の私有林からは部分的に収穫され、2×10材などに利用されているそうです。

さて、「FRUS2017」によると、太平洋沿岸地区（Pacific Coast）にあるベイマツの人工林（Planted）は329万haで、天然生林（Natural origin）が525万haとなっています。ロッキー山脈（Rocky Mountain）には、天然生林が717万haあるとなっていますが、自然保護が優先されているので、太平洋沿岸地区の天然生林も含めて木材産業用の資源としてはほとんど使えないと考えた方がいいでしょう。

太平洋沿岸のオレゴン州とワシントン州は、米国南部の人工林地帯以外では最も高い人工林率となっており、オレゴン州は28％、ワシントン州は27％です。両州の人工林はベイマツが主体で、製材品や合板のほかに、ドック等のマリン構造物や枕木、丸太、柵、パルプ、家具などに用いられています。

北西部太平洋沿岸のベイマツは約850万ha存在しており、内訳は、国有林（連邦有林）に284万ha、その他の公有林に164万ha、私有林のうち会社有林が245万ha、その他の私有林が115万haとなっています。また、329万haある人工林の内訳は、国有林54万ha、その他の公有林58万ha、会社有林188万ha、その他の私有林31万haとなっています。国有林や公有林からの出材がなくても、会社有林やその他の

表3－1　ベイマツの林齢別面積（米国太平洋沿岸北西部地区）

林齢（年生）	面積（万 ha）	割合（%）
0-19	122	16.4
20-39	164	22.1
40-59	108	14.5
60-79	88	11.8
80-99	81	10.9
100-149	93	12.5
150-199	34	4.6
200 以上	52	7.0
計	743	100.0

出典：「FRUS2017」

私有林からの出材が期待されます。

　「FRUS2017」には、ベイマツの林齢別データが掲載されています（表3－1）。これによると、太平洋沿岸北西部地区（Pacific Northwest）のベイマツの面積は 743 万 ha で、100 年生以上が 24.1％と約 4 分の 1 を占めて、60 年生以上では 46.8％と半分近くになっています。このように高齢級のベイマツはまだ米国西部にあるのですが、前述したように自然保護が優先されているので木材産業用の資源としては利用できません。一方、19 年生以下は 122 万 ha で年間平均植林面積は約 6 万 ha、20 ～ 39 年生は 164 万 ha で年間平均植林面積は約 8 万 ha とコンスタントに更新が行われており、木材を安定供給できることが読み取れます。

　日本にベイマツを安定的に輸入し製材している中国木材の資料によると、輸入量のピークは 2018（平成 30）年頃の年間 230 万 m³ で、2015（平成 27）年以降は年間 200 万 m³ 以上の丸太を輸入し続けています。同社によると、以前のようなセカンドグロスの大きな丸太は少なくなり、サードグロスの 30 年生の丸太が主流になり、かなり小さくなったということです。しかし、会社有林である 188 万 ha の植林地から今後も安定供給が続くと考えられます。

　なお、ワシントン、オレゴン両州の人工林 458 万 ha には、ベイマツ 329 万 ha のほかにポンデローサパイン（Ponderosa Pine）や広葉樹

第3章 敵を知る

写真3−2 オレゴン州のベイマツの山火事跡地（2023年、著者撮影）

(Western hardwood) などが含まれており、これらの資源からの木材の供給も続くと考えられます。

今回の米国視察では、ベイマツのあるオレゴン州ポートランドからオレゴン州立大学のあるコーバリスへレンタカーで山越えしました。時速100km近くで走っていて、迷い込んだのが山火事跡地でした（写真3−2）。オレゴン州立大学で聞いたら、被災面積は約50万haで、その木材はほとんど利用されていないということでした。オレゴン州立大学の先生も、「米国にはまだ豊富な天然林のベイマツが存在しているが、木材産業的には使えない」と話していました。

（2）米国南部のサザンイエローパイン

次に、世界屈指の人工林地帯である米国南部で生育しているサザンイエローパインの現状を見ましょう。サザンイエローパインは、ロブロリーパイン（Loblolly Pine）、ショートリーフパイン（Shortleaf Pine）、ロングリーフパイン（Longleaf Pine）、スラッシュパイン（Slash Pine）など11種類のマツ属を総称する商業用語です。「FRUS2017」には、Loblolly-shortleaf pine（ロブロリーショートリーフパイン）とLongleaf slash pine（ロングリーフスラッシュパイン）として、2つに区分して取り上げられています。

　南部の森林は、米国でも最も人工林の割合が高く、アラバマ州で33％、ジョージア州で32％、ミシシッピー州で32％、フロリダ州で31％、ルイジアナ州で31％となっています。また、人工林の71％をロブロリーショートリーフパイン林が占め、次いでロングリーフスラッシュパイン林が14％を占めており、この2つを合わせて9割近くになり、そのほかの種類を含めて11種類すべてが「サザンイエローパイン」として、製材品や合板、さらに紙・パルプなどに使われています（写真3-3）。

　サザンイエローパインの特徴は、何といっても成長が早いことです。その多くは、かつて綿花畑だったようなところに植栽されており、まるでサトウキビを栽培するようにサザンイエローパインを育て、収穫しています。サザンイエローパインの人工林は、南部の森林面積の18％にすぎないのですが、針葉樹人工林蓄積量の47％、年間成長量の67％を占め、さらに年間

写真3-3　ジョージア州のサザンイエローパイン（2023年、著者撮影）

伐採量の 82％を占めています。その森林構成には特徴があり、8 〜 10 イ
ンチ（20 〜 25cm）までの径級が材積のピークで、それよりも大きい径級
の資源量は極端に少なく、サザンイエローパイン（東部）の林齢別面積量
のわずか 22％が 14 インチ（36cm）を超えるクラスであるとされています。
　「FRUS2017」に掲載されているサザンイエローパイン（東部）の林齢
別面積が表 3 − 2 です。これによると、100 年生以上のサザンイエロー
パインは、ほぼ 0 ％です。60 年生以上も約 1 割しかありません。いかに
短伐期で収穫されているかがわかります。19 年生以下は 1,167 万 ha で
38.7％、20 〜 39 年生は 1,141 万 ha で 37.2％と 39 年生以下が 4 分の 3 を
占めています。年間平均でも 19 年生以下が約 58 万 ha、20 〜 39 年生が
57 万 ha と、コンスタントに 60 万 ha 近くが更新されています。
　私の学生時代もサザンイエローパインの人工林は、驚異的な存在とし
て見られていました。しかし、今日でも国内でサザンイエローパインは
あまり見かけません。大分県の「木島後楽園ゆうえんち」にある日本初
の木製ジェットコースターがサザンイエローパインでつくられており、
このほかにも国内に 6 つある木製ジェットコースターで防腐加工処理を
したサザンイエローパインが使われています。各地にあるボーリング場
のレーンもサザンイエローパイン製です。しかし、この程度です。

表 3 − 2　サザンイエローパインの林齢別面積（東部）

林齢（年生）	Long leaf-slash pine（万 ha）	Short leaf pine（万 ha）	計	割合（％）
0-19	185	982	1,167	38.7
20-39	164	977	1,141	37.2
40-59	79	320	399	13.2
60-79	60	180	240	8.0
80-99	16	42	58	1.9
100-149	2	6	8	0.3
150-199	0	0	0	0.0
200 以上	0	0	0	0.0
計	506	2511	3,017	100.0

出典：「FRUS2017」

専門家に聞くと、サザンイエローパインは水分が多くて接着が難しく、一般用材としては扱いづらい木材のようです。日本で見かけない一番の要因は、米国の大西洋沿岸に分布していることでしょう。立地的に、米国東部の大消費地が近くにあり、大西洋沿岸諸国への輸出にも適しています。日本に輸出するには、パナマ運河を経由する必要があり、輸送コストが大きくなります。したがって、サザンイエローパインが日本のスギ、ヒノキなどの競争相手になるとは当面考えづらく、現実的な競争相手は、米国の北西部太平洋沿岸にある会社有林のベイマツ人工林約190万ha、そして病害虫の発生等で供給力が落ちてきているとはいえカナダのSPF（スプルース、パイン、ファー）の二次林になると考えられます。

　なお、2016（平成28）年にスウェーデンに行った時に聞いたのですが、製材用丸太価格の経年変化をドルベースで比較すると、フィンランドやニュージーランドは概ね80〜100ドル/m^{3}であるのに対し、米国のサザンイエローパインは50ドル/m^{3}かそれ以下で推移していました。このように、サザンイエローパインは世界的に見ても収穫コストが低く、林業投資としての利回りが良い樹種といえます。この数年来、北米の大手木材加工企業は、病虫害（パインビートル）の発生や山火事などによる森林資源の劣化などからカナダの工場を閉鎖して、米国南部に新しい工場を建設する動きを活発化させています。乾燥技術や加工技術は日進月歩ですので、サザンイエローパインの利用動向には、今後も注視していくべきです。

（3）米国東部の広葉樹

　今回の米国調査では、東部インディアナ州の広葉樹林を見る機会を得ました。この地域の広葉樹は農用地の周りにあり、排水施設をつくるには採算が合わないところが森林として管理されています。入植以来100年以上たった広葉樹林が至るところに広がっており、私有林の択伐林として管理・経営されています。主な樹種は、アッシュ、ウォールナッツ、ホワイトオーク、チェリー、ポプラ、ハードメープル、ヒッコリーなどです。成長量は伐採量の2.5倍程度で、70年前から広葉樹林の蓄積

写真3−4　米国インディアナ州の広葉樹林（2023年撮影）

量は徐々に増加しているそうです（写真3−4）。

　広葉樹林の管理・経営から製材加工・販売まで手がけている企業で聞いたところ、日本以外にも中国、ベトナム、インドネシア、メキシコ、イギリスなどに輸出しているということでした。また、インディアナ州（広葉樹生産量264万 m^3、天然林181万 ha、2016年時点、以下同じ）が広葉樹の育成に一番適した州というわけではく、オハイオ州（226万 m^3、297万 ha）、ミシガン州（780万 m^3、718万 ha）などにも広葉樹に適した土地があり、蓄積が一番多いのはペンシルベニア州（500万 m^3、634万 ha）で、ニューヨーク州（317万 m^3、601万 ha）も成長が良いそうです。このほか、ケンタッキー州（518万 m^3、488万 ha）、ウエストバージニア州（533万 m^3、465万 ha）、テネシー州（1,008万 m^3、506万 ha）などにも広葉樹林は広がっており、これらの州の広葉樹生産量は4,146万 m^3 にもなります。

　米国東部の広葉樹林は、100〜200年という長期的視点で継続的に管

理・経営されており、資源としての保続性があると言えます。

2. カナダ

　林野庁で木材課長をつとめていた 2002（平成 14）年 9 月に、カナダ政府の招待で同国を訪れ、東海岸のケベック州、中央部のアルバータ州、そして西海岸のブリティッシュコロンビア州（BC 州）の現場を視察しました。広々とした森林地帯で、日本とは全く違う景色でした。また、計画課長時代の 2004（平成 16）年 9 月には、ケベック州のケベック・シティーで開催された世界林業会議に出席し、広葉樹の天然林を見る機会がありました。ちょうど紅葉していましたが、どちらかというと黄色が主体で、日本の赤が混じる紅葉の方が数段美しく感じられました。

　さて、カナダについては、前掲書『世界の林業』の中で、次のように解説されています。

　「カナダは人口 3,200 万人、国土面積の 35％、約 3 億 1,000 万 ha が森林面積である。施業対象林は約 2 億 9,000 万 ha、蓄積約 275 億 m^3（針葉樹 77％、広葉樹 23％）である。針葉樹蓄積約 210 億 m^3 のうちスプルース 45％、パイン 22％、ファー（モミ）14％となる。」

　人口が少ないわりに広い森林面積と森林蓄積があり、SPF（S（スプルース）、P（パイン）、F（ファー））と呼ばれる 2 × 4 住宅に多く使われている木材）が 8 割を占めています。同書には、「2001 年の州別の ha 当たり用材出材量は、BC 州 360m^3、アルバータ州 350m^3、オンタリオ州及びケベック州で 130m^3 となっている。東部州は低樹高・小径木が多い。」とも記されています。東部ケベック州の森林は、ヘリコプターから見る機会がありました。製紙企業の伐採現場では、20 ～ 30 年生程度のスプルースが皆伐されていました。紙に加工して米国東部地域へ出荷しているということでしたが、ずいぶん細い木を皆伐しているなという印象が強く残っています（写真 3 － 5）。

　また、アルバータ州のカルガリー近郊には、いかにもカナダらしい大

写真3－5　カナダ東部ケベック州で皆伐される細い立木（2002年、著者撮影）

写真3－6　カナダ・アルバータ州の森林と丸太を運ぶ大型トラック
（2002年、著者撮影）

木が林立するなだらかな森林地帯が広がっていました（写真3－6）。ここではオイルサンドの採掘が行われており、広い地域で森林伐採が行われていました。カルガリーを訪れたときは、夜遅くなってからカナディアンロッキー観光の拠点であるバンフまで行き、帰りの高速道路からオーロラを見ることができました。バンフは北緯51度で、北緯45度の

稚内よりかなり北に位置し、北国にいることを実感しました。

　さて、『世界の林業』は、カナダの林業・木材産業について、次のように解説しています。

　「2006 年の丸太（用材）生産量は約 1 億 8,000 万 m³、2009 年の針葉樹製材生産量は 4,400 万 m³、2004 年は 8,280 万 m³、カナダの製材品の対米輸出はピークだった 2005 年の 5,000 万 m³ 台から 2009 年には 1,950 万 m³ まで減少している。2009 年のカナダの製材工場は約 340 工場で年間生産能力は約 8,500 万 m³ である。BC 州の伐採量は、2004 年 9,180 万 m³、2006 年 8,150 万 m³、1970 年の伐採量はコースト地区 2,880 万 m³ に対してインテリア地区 2,590 万 m³ だったのが、2006 年当時には 1：3 の割合へ、コースト地区では緩傾斜地やアクセスの良い箇所から伐られていき、伐採が困難な箇所が残されてきたこと、単位面積当たりの蓄積の多いオールドグロス天然林の伐採箇所が減少し、二次林の割合が増えてきていることが考えられる。」

　私が BC 州の森林伐採現場を見たときも、すでにオールドグロスは少なくなり、セカンドグロスと呼ばれる二次林と、その後天然更新した稚樹が多く生えていました。それでも成長は旺盛で、質の良い森林になっていました（写真 3 － 7、8、9）。今後は、日本の人工林対カナダの人工林の競争の時代が始まるとの思いを強くしました。

　なお、『世界の林業』には、次のような記述もあります。

　「1990 年代後半から急激に拡大した BC 州内陸部のマウンティンパインビートルの害虫により、ロッジポールパインはほとんど枯死したという。2007 年の被害面積は 1,300 万 ha と推計され、2007 年末の累積被害量は、約 5 億 3,000 万 m³ といわれる。マウンティンパインビートルの被害により、BC 州の今後の伐採量は、大幅な落ち込みが予想されている。」

　日本の松くい虫による被害材積は、昭和 40 年代後半から年間 100 万 m³ を超え、1979（昭和 54）年度には 243 万 m³ とピークを迎えましたが、カナダの被害は規模が違います。日本では、その後もかなりの期間、松くい虫被害が続き、アカマツ、クロマツの林業は大きな打撃を受けましたが、カナダのマツの林業も似たような状況にあります。

第 3 章　敵を知る

写真 3 － 7　カナダ・BC 州の天然林（保護林）（2002 年、著者撮影）

写真 3 － 8　カナダ・BC 州二次林の中のオールドグロスの残存木（2002 年、著者撮影）

写真3−9　カナダ・BC州オールドグロスの伐根にて（左が著者、右はカナダ政府職員）

3．欧州

（1）フィンランド

　フィンランドには、大分県庁に勤務していた1997（平成9）年に訪れました。きっかけは、地元の森林組合が製材工場をつくりたいということでした。当時の大分県森林組合連合会の会長は県議会議長もした壁村史郎氏（故人）でした。大分県では、林野庁が主導した森林組合の大型合併が全国で一番進んでおり、大型合併した森林組合が製材工場の新設を検討していました。すでに欧州からホワイトウッド、レッドウッドの輸入が始まり、その競争に打ち勝つことが課題だったので、私は競争相手を見てから決めることを提案しました。

　そして、大手商社の日商岩井にお願いして、フィンランドで最も大き

い製材工場と、人手を極力省いた最新鋭の製材工場を案内してもらうことにしました。

1997年6月にフィンランドの首都・ヘルシンキに到着後、北極圏近くのサンタロースの村で有名なロバニエミへ空路で行きました。飛行機からの眼下の景色は期待していた原生林ではなく、北海道にもあるような大規模な農地と、湖と森林が連なり、至るところに伐採跡地が見えました。北極圏近くですが、未開地という感じはしませんでした。

フィンランドの人口はわずか500万人で、国土面積は日本の四国を除いた広さしかありません。私達が訪れた地方はラップランドと呼ばれ、フィンランドの3の1の面積（北海道プラス四国に相当）に20万人が住み、トナカイ30万頭が放し飼いされ、6月の初めから1か月近くは太陽が沈まない白夜が続きます。このときも真夜中の12時過ぎても太陽は沈まず、また昇っていく太陽を眠気をこらえて見ていました（写真3－10）。

まず、ロバニエミから北へ20kmの北極圏にある製材工場を視察しました。冬場は製材、夏の時期はログハウスの加工をやっているというこ

写真3－10　フィンランドの北極圏、深夜12時の白夜の様子（1997年、著者撮影）

写真3－11　フィンランド北極圏の製材工場兼ログハウス加工場（1997年、著者撮影）

写真3－12　製材工場にあった300年生と思われる丸太（1997年、著者撮影）

とでした（写真3－11）。年間80〜100棟のログハウスをつくり、その7割をドイツ、オーストリアなどに輸出しており、このために年間4,000m³の丸太を30km圏内の天然林（200〜270年生、時には300年生）から集めているということでした。写真3－12の壁村県議が腰かけている丸太は、300年生を思わせます。その後、ロバニエミにある博物館を訪れ、この地域はロシアやドイツ（ナチ）との戦争被害を受けており、特にドイツとの戦争では1944（昭和19）年に街全体を焼失していることがわかり、原生林がないのも肯けるものがありました。

　ロバニエミからヘルシンキに戻り、フィンランドの森林組合連合会にあたるメッツァリートの本社を訪ね、マーケティング担当部長の説明を受けました。その時のメモから、概要を示すと次のようになります。

　「森林の成長量は、北部が年間1m³/ha、成長の良い南部で4〜6m³/ha。木材の生産では私有林が80％のシェアを占めており、森林の約4分の1を持っている国有林のシェアは1割以下。森林所有者は、1人当たり平均35ha程度の森林を持っており、従来は農家が主だったが、均等相続の結果、今は6割は都会に住む不在地主。フィンランド全体の成長量は8,500万m³、伐採量は6,500万m³。このうち5,500万m³が産業用材として使われており、不足する1,000万m³はロシアから輸入している。フィンランドには約300の森林施業組合があり、地域内の森林の育林や伐採、丸太の販売を不在地主からも請け負っている。」

　続けて、メッツァティンバーの営業本部長の説明を受けました。その要旨は、次のようでした。

　「メッツァティンバーはメッツァリートの5つの子会社の1つで、国内に12、エストニアに1の計13の製材工場を持っている。製材品を210万m³生産しており、従業員は1,100人で欧州最大の製材グループである。製材品は国内に出荷するほか、英国などの欧州圏域へ輸出しており、最近では日本にも輸出している。集荷している丸太は南部地域のもので80年生、北部地域のもので150〜200年生。300年生のものもあるが腐れが目立ってくる。」

　このように天然林を中心にした林業が行われており、南部でも成長量

は年間 4～6 m³/ha、50 年経っても 200～300m³/ha ということでしたが、年間成長量 8 m³/ha 以上が林業投資の適地と考えている私には、フィンランドの林業は相当に厳しいと映りました。現地では、伐採量は成長量を超えていないという説明を受けましたが、いずれ生産できる森林資源は底をつき、丸太は枯渇するとの思いを抱きました。

　翌日、最新鋭の製材機に年間 40 万 m³ 程度の原木を投入している製材工場を訪れました（写真 3－13）。工場の担当者によると、従業員 40 名を 20 名ずつに分けて 2 交代制にし、1 日 15 時間稼働させて約 16 万 m³ の製材品を生産しており（製材歩留まり約 40％）、14～37cm の丸太を 25 のグレードに分け、同一グレードの丸太を一斉にラインに投入しているということでした。当日は、直径 22cm の丸太を 1 分間に 62m の速度で製材しており、日本の 10～20m/分のラインスピードとは比べものにならないスピードに驚かされました。その時のレポートには、「フィンランドは工業化製品をつくっているが、日本の製材業はトロ身を多くとる味のある製材品をつくっている。もう味はいらない時代に入っているのでは。」との感想を記しました。

写真 3－13　ほとんど自動化され人がいない 40 万 m³ の製材工場（1997 年、著者撮影）

表3-3　フィンランドで1997年に調べた価格体系

価格体系のまとめ（1m³当たり、1USドル＝110円で換算）
原木　　　　　60USドル（6,600円）
製材コスト　　25USドル（2,750円）計　85USドル（9,350円）
乾燥コスト　　35USドル（3,850円）計120USドル（13,200円）
陸送　　　　　 6USドル　（660円）計126USドル（13,860円）
↓
フィンランド港での船積み後の価格
230～250USドル（25,300～27,500円）
日本までの船運賃　60～70USドル　計290～320USドル
日本での関税　　　5.2%　　　　　　計305～337USドル
港での諸がかり費　2,250円/m³　　　計35,800～39,320円

　訪問した工場では、製材品を人工乾燥する前に8台のカメラによってキズや欠点などの品質を選別した後、分室式や連続式の乾燥室に入れて14～18%の含水率に仕上げていました。乾燥コストは35USドル（3,850円）/m³で、製材品全体でも60USドル（6,600円）/m³、フィンランド

写真3-14　タンペレ近郊の100万m³の製材工場の土場（1997年、著者撮影）

の港着で 230 ～ 250US ドル（25,300 ～ 27,500 円）/m^3 という話でした（表3－3）。当時の日本の製材工場では到底太刀打ちできないと痛感させられると同時に、木材産業の国際競争力を高めることが改めて私の課題になりました。

フィンランドでは、メッツァティンバーの大型製材工場（写真3－14）も視察しました。従業員は215人で、工場は週5日の1日3交代制でほぼ24時間稼働していました。当時（1997年時点）の原木投入量は約90万 m^3（製材品生産量は42万 m^3）で、翌年は120万 m^3 を目指しているという話でした。原木は100km圏内から大型トレーラーで集荷し、製材ラインは小径木で1分間に90m、大径木で60mの速度で製材しており、製材品の約8割は鉄道で、残りの2割はトラックで出荷しているということでした。1工場で100万 m^3 の原木を扱うとは日本では考えられません。この工場を見たので、帰国後、大分県での製材工場新設は断念してもらいました。

フィンランドでは伐採現場も視察しました。タンペレから東へ20kmほど行った120年生（平均70年生）のトウヒ林（自然発生林で一度も間伐していないとの説明を受けました）の間伐現場です（写真3－15、16）。オペレーター1人でハーベスタを操作し、1日で150 ～ 200m^3（主伐なら200 ～ 300m^3）を伐倒・玉切りしていました。日本では2～3 m^3/人・日の時代でしたから生産量の多さに驚きました。丸太の材積はハーベスタヘッドで測定され、それをもとに農家へ立木代金が支払われていると聞き、日本の伐採現場にどうやったらこのような合理的な仕組みを導入できるかを考えずにおれなくなりました。

さて、1997年にはこのような状況だったフィンランドですが、最近はどうなっているのでしょうか。前出の「2023年海外情報」によると、2018年現在の人口は552万人、年間成長量がha当たり1 m^3 以上の森林が約2,000万ha、森林資源量はマツが約12億 m^3、スプルースが7億 m^3、全体では24億 m^3 ということです。日本の単層人工林（スギが約19億 m^3、ヒノキが7億 m^3）と比べても、それほど大きな蓄積量ではありません。それでも2000（平成12）年以降も表3－4のように年間

第3章　敵を知る

写真3－15　タンペレ近郊の120年生のトウヒの自然発生林（1997年、著者撮影）

写真3－16　間伐木の年輪、直径25cm程度に年輪が詰まっていた（1997年、著者撮影）

5,000 ～ 7,000 万 m³ 近くの生産量を維持しています。特に、2018 年の生産量は 7,800 万 m³ と最大になっていますが、これは大量の風倒木の発生によるものです。なお、風倒木は欧州中央部でも発生しています。

「2023 年海外情報」には、2016 年時点のフィンランドの事業所数なども掲載されています（フィンランド統計局調べ、表 3 － 5）。林業・素材生産業が 2 万 4,551 事業所，木材製品製造業が 1,762 事業所、紙・紙製品製造業が 180 事業所となっていますが、1997 年当時の説明では、製品生産量 40 万 m³ 以上の製材工場が 1 工場、20 ～ 40 万 m³ が 7 工場、7 ～ 10 万 m³ が 30 工場、1 ～ 7 万 m³ が 25 工場、1 ～ 4 万 m³ が 42 工場、1 万 m³ 未満が 5,000 工場で、合計 5,100 工場があるということで

表 3 － 4　フィンランドの丸太供給量の推移

（単位：千 m³）

年	供給量	国内生産量	輸入量
2000	73,019	61,500	11,519
2001	73,160	59,363	13,797
2002	74,822	60,270	14,552
2003	76,110	61,142	14,968
2004	76,214	61,163	15,051
2005	77,244	58,684	18,560
2006	73,924	56,935	16,989
2007	78,883	63,854	15,029
2008	73,966	58,327	15,639
2009	53,507	48,296	5,211
2010	67,060	59,690	7,370
2021	67,142	60,438	6,704
2012	66,300	59,902	6,398
2013	73,060	65,252	7,808
2014	72,553	65,294	7,259
2015	74,653	68,035	6,618
2016	77,172	70,323	6,849
2017	78,010	72,426	5,584
2018	86,189	78,169	8,020

出典：Luonnonvarakeskus データベース

第3章 敵を知る

表3－5 フィンランドの業態別事業所数・従業員数

（単位：件、人）

	事業所数	従業員数
総数	356,790	1,428,104
農林水産業	73,227	51,547
林業・素材生産業	24,551	11,569
その他	48,676	39,978
製造業	20,264	289,464
木材製品製造業	1,762	17,993
紙・紙製品製造業	180	19,559
家具製造業	866	5,890
その他	263,299	1,087,093

出典：Tilastokeskus, "Suomen Tilastllien Vousilirja 2018", 2018

表3－6 フィンランドの製材品の国別輸出量（2018 年）

（千㎥）

国　名	輸出量
計	8,702
エジプト	1,282
中国	1,078
日本	920
英国	913
アルジェリア	518
ドイツ	510
フランス	482
イスラエル	436
エストニア	380
オランダ	265
モロッコ	237
サウジアラビア	231
イタリア	139
オーストリア	129
デンマーク	110
ポーランド	107
チュニジア	104
その他	861

資料：Luonnonvarakeskus データベース

83

した。2016 年時点の統計が製材工場全体を示しているのであれば、1,700 工場近くまで減少していることになります。

　日本では、2000 年頃まで約 1 万 2,000 の製材工場があり、原木投入量 5 万 m³ 以上の工場は 8 工場で原木投入量は約 50 万 m³ だったのですが、2019（令和 1）年頃には 5,000 工場を切り、5 万 m³ 以上の工場は 41 工場で原木投入量は 550 万 m³ にまで増えました。一番大きい中国木材日向工場では 60 万 m³ 程度の原木を投入しており、日本にもようやくフィンランド並みの製材工場が揃ってきました。

　さて、フィンランドの製材品の輸出量は、2017 年の 938 万 m³ が 2018 年には 870 万 m³ に減少しています。表 3 － 6 が国別の輸出量です。1 位はエジプトで 128 万 m³、2 位は中国で 108 万 m³、3 位は日本で 92 万 m³、次いで英国の 91 万 m³ などとなっています。この表は、見方によっては、日本のスギ、ヒノキ製材品の輸出可能性を示しているとも言えます。フィンランドが盛んに輸出している中国以外にも、エジプト、イスラエル、モロッコ、サウジアラビア、チュニジアなどの中東から地中海沿岸のアフリカ諸国がターゲットに入ってきます。

（2）スウェーデン

　スウェーデンの国土面積等に関する統計データは、林野庁の報告書などによると表 3 － 7 のとおりです。

　前掲書『世界の林業』は、スウェーデンについて、次のように記しています。

　「森林面積 2,800 万 ha で、生産林はスウェーデン基準で 2,300 万 ha、世界基準で 2,700 万 ha となる。樹種はトウヒ、マツで 80％を占めており、北部でマツ林、南部でトウヒの混じったカンバ林が多い。近年の伐採量は 8,500 ～ 9,000 万 m³ であり、年間成長量 1.2 億 m³ の範囲にある。林分改良長期計画によって、この 100 年間で立木蓄積は 30 億 m³ 以上増加した。」

　しかし、30 億 m³ 以上増加したならば、現在の森林蓄積が約 32 億 m³ ですので、この間、いかに天然過熟林を伐採し、成長量の旺盛な人工林

表3－7　スウェーデンの国土面積等

	2014-2018 年	1998 年	単位	備考	資料
国土面積	447,420		km^2		1
森林面積	22,702.2		千 ha		
経済林面積	20,249.1		千 ha	生産林面積	
森林蓄積量	3,180	2,740	百万 m^3	2016 年及び 1998 年の数値	1
丸太生産量	84	70.2	百万 m^3	2016 年及び 1998 年の数値	1
針葉樹丸太生産量	76	65	百万 m^3	2016 年及び 1998 年の数値	
丸太生産量（FAO）	74,200	58,100	千 m^3	2016 年及び 1998 年の数値	2
丸太輸入量（FAO）	6,995	9,300	千 m^3	2016 年及び 1998 年の数値	2
丸太輸出量（FAO）	600	1,454	千 m^3	2016 年及び 1998 年の数値	2
丸太名目消費量	80,595	65,946	千 m^3	2016 年及び 1998 年の数値	2

出典：1．The Swedish National Forest Inventry, Swedish University of Agricultural Sciences
　　　2．FAO, "Forest Products", 1998 & 2016

に改植したかということです。これは日本の林力増強計画に似ており、伐採すべき林分が減少しているのではないかと危惧しています。

　そのスウェーデンには３回訪れています。最初は、昭和の最後の頃です。先に述べたチェーンソーの振動障害に関わる裁判の関係で出張しました。当時の病像認識は、末梢循環や末梢神経の障害とする見解と、中枢性自律神経障害にまで及ぶ全身障害であるとする説があり、林野庁は振動障害認定者等から全国の６つの地方裁判所で訴えられていました。

　原告側の証人である医師が世界の振動障害の学会では全身障害として認識が一致していると証言したので、その反論資料を作成するために、学会の会長のいる英国と事務局長のいるスウェーデンに行きました。事務局長は、スウェーデンの労働災害を研究する部署にいました。その時、すでに研究対象は人が林内で行うチェーンソー伐倒から、プロセッサやハーベスタなどの乗用機械での振動になっているとの説明を受け、スウェーデンでは林業機械化がはるかに進んでいることに驚きました。

　２回目の訪問は、1997 年でした。スウェーデンで４年に１回開かれている世界的な林業機械展・エルミアウッドに行きました。エルミアウッドの開催地は、ストックホルムから南に約 300km 行った郊外に広がる 150ha の広さの森林でした（写真３－17）。

写真3－17　スウェーデン南部で行われた林業機械展・エルミアウッドの会場風景
（1997年、著者撮影）

　高速道路からはシカやウサギが見え、柵や休憩所など至るところに木材が使ってあるのが印象的でした。ちなみに、ストックホルムのストックは丸太、ホルムは島を意味するスウェーデン語で、丸太で外壁を囲っている島に由来しています。1628（寛永5）年に建造され深さ30mの入り江に沈んでいた船が1956（昭和31）年に引き上げられて展示されており、オーク（ナラの木）でつくられていることから、1600（慶長5）年頃のスウェーデンには現在では全く見かけないナラの大木がたくさんあったのだろうと想像しました。

　当時のメモによると、スウェーデンの国土面積は日本（3,800万ha）とほぼ同じ約4,100万haで、森林面積も日本（約2,500万ha）と同じくらいの約2,800万haである一方、人口は約900万人と極端に少ない国です。また、大企業や森林組合などで働いている人の労働時間は、1972（昭和47）年の4,000時間/年が1994（平成6）年には1,100時間/年に減少しており、これは機械化や合理化によるものという説明を受

第3章 敵を知る

写真3−18 ウメオ市内の凍った川を渡る人々（2016年、著者撮影）

けました。1972年の時点では人が行っていた伐採作業の95％が乗用機械によって行われているということでした。

3回目の訪問は、2016年2月でした。私の地元・人吉市が主催したスマート林業に関する検討会の委員として、ストックホルムのアーランダ空港で乗り換え、ボスニア湾を約600km北上してウメオに行きました。ウメオ近郊に近づくと、海は凍り、市内の川は凍って人が歩いて渡っていました（写真3−18）。

ウメオには、世界の林業機械分野でトップ企業の1つであるコマツフォレストがあります。もともとの企業は1961（昭和36）年に創設されましたが、ボルボなどの企業に買収されてバルメットという林業機械メーカーになり、2004年に日本の大手建設機械メーカーであるコマツに買収されました。

そのコマツフォレストを訪ね、様々なことを聞きました。また、スウェーデンの森林・林業については、スウェーデン農科大学の教授に聞きました。その時のメモには、次のように記しています。

「スウェーデンの森林は、森林面積や森林率など日本に似ているところもあるが、ha当たり蓄積量や成長量は非常に低く、年間成長量では北部地域で3.0m^3/ha、南部地域で6.9m^3/haである。それでもスウェーデン全体では4.9m^3/haの年間約1億1,700万m^{3}の成長量があり、伐採量が増えているものの、成長量が常に上回っている。生産林の約半分は個人所有林で、約33万人が1人当たり約50haの森林を所有している。近年、都市化の進行で不在村地主が増え、国全体では森林に関心のない人が増えているが、森林所有者の大半は森林の経済的価値に関心を持っている。森林の約4分の1を民間の林業会社が所有している。生産量は年間8,000～9,000万m^{3}で、製材用材と紙パルプ用材が半々である。伐採できる最低林齢は法律で決められており、平均して南部地域で60年、北部地域で90年であり、実際はその林齢から10～20年経過したものが伐採されている。ha当たり生産量は南部で300～400m^3、北部では150～200m^{3}程度である。」

その後、スウェーデン北部地域にあるNorraという森林組合が経営

写真3－19　Savar製材工場についての説明スライドの一部（2016年、著者撮影）

第3章　敵を知る

写真3−20　製材工場の土場で見た大型のトラック（2016年、著者撮影）

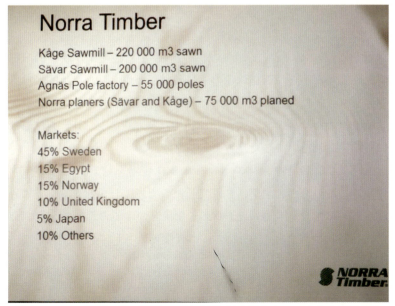

写真3−21　製材工場の説明のスライドには出荷先 Japan の文字が見える
（2016年、著者撮影）

している製材工場と伐採現場を視察しました。その時のメモは、次のとおりです。

「Norra 森林組合は、所有規模 10ha 程度から数千 ha 程度の森林所有者 1 万 6,000 人からなっており、平均で 70 〜 80ha、全体で 120 万 ha になる。木材加工工場は 3 工場あり、製材工場が 2 工場で、1 つは電柱を生産している。原木の生産量は年間約 200 万 m³ で、うち半分が燃料用、約 80 万 m³ が製材用で、ここ Savar 工場が 40 万 m³ を使って、製材品を 20 万 m³ 生産している。ここから北へ 100km のところにもう 1 つの製材工場がある。製材工場に関係する従業員は 320 人で、うち 60 人程度が森林所有者と接触し伐採計画を立てており、年間 1 人 100 件近くを受け持っている。そのほか、ハーベスタやフォワーダで伐採・搬出する 60 程度のチームがある。Savar の工場では 90 人の従業員が 2 シフトで生産しており、丸太にすると 1 時間に約 700 本、年間 200 万本程度を製材している。製材工場のラインスピードは直径 70cm 程度の大きな丸太だと 45m/ 分だが小さい丸太だと 100m/ 分になり、一番早いラインだと 180m/ 分になる。製品のチェックは 2009 年からカメラで行っているが、長さで 11 種類、全部で 600 種類の製品を生産している。」

写真 3 − 19 は、その Savar 製材工場に関する説明スライドの一部です。広々とした平らな森林地帯の中に製材工場があり，立地的には到底日本の製材工場は太刀打ちできない大型製材工場でした。土場には大型トレーラーでたくさんの丸太が運び込まれ（写真 3 − 20）、製材品は日本にも輸出されていました（写真 3 − 21）。

ウメオ郊外では 159 年生のトウヒの伐採現場を見学しました。14 時頃に現場に着いたのですが、2 月でしたので日差しが低く、すぐに薄明るい夕暮れになり写真 3 − 22 のような状況の中での作業でした。その隣の伐採跡地は写真 3 − 23 のように天然更新されており、必要に応じて人工植栽も行われているということでした。

スウェーデンの人工林は天然更新できることから国際競争力という点で強力な武器になるとともに、伐採面積と同程度（約 20 万 ha）の造林を確実に実施していることや、成長量以下の伐採になっているので保続

第3章　敵を知る

写真3－22　159年生のトウヒの伐採現場（2016年、著者撮影）

写真3－23　伐採跡地の更新状況（2016年、著者撮影）

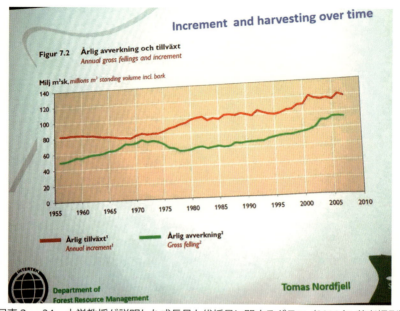

写真3-24　大学教授が説明した成長量と伐採量に関するグラフ（2016年、著者撮影）

性には確信があるとの説明を受けました（写真3-24）。一方で、成長の良い南部でも 6.9m³/ha × 60年 = 414m³/ha、北部では 3.0m³/ha × 90年 = 270m³/ha と再生産にはかなりの時間が必要なことから、成長量と同じ程度の伐採を続ければ、フィンランドと同様に収穫可能な森林や採算性の高い森林が減少していくと思われました。

（3）ドイツ（スイス）

　ドイツの国土面積等に関する統計データは、林野庁の報告書によると表3-8のとおりです。前掲書『世界の林業』は、ドイツについて次のように記しています。

「森林面積は 1,110万 ha で、山岳・山稜地形も多少あるが平野部が多く、農用地と森林は古くから競合関係にある。樹種は針葉樹58％、広葉樹40％で、トウヒ28％、モミ2％、ダグラスファー2％、マツ23％、カラマツ3％、ナラ10％、ブナドイツ15％となっている。針葉樹では日本と同様に戦後造林木の割合が多いが、2004年の森林資源調査によ

第3章　敵を知る

表3-8　ドイツの国土面積等

	2016 年	2000 年	単位	備考	資料
国土面積	357,000		km²		1
森林面積	11,419	11,369	千 ha	2012 年及び 2002 年の数値	1
丸太生産量	52,194	53,710	千 m³		2
針葉樹丸太生産量	39,052	43,286	千 m³		2
丸太生産量（FAO）	54,238	49,106	千 m³		3
丸太輸入量（FAO）	9,138	3,302	千 m³		3
丸太輸出量（FAO）	3,871	5,031	千 m³		3
丸太名目消費量	59,505	47,377	千 m³		

出典：1．BMEL
　　　2．Statistisches Bundesamt, BMEL
　　　3．FAO, "Forest Product"

ると 100 年生以上が 216 万 ha と森林面積の 21％を占めている。森林蓄積は約 34 億 m³ で、平均蓄積量は 300m³/ha であり、ha 当たり年間平均で 12m³ 以上成長しているという。旧連邦州の森林に限っても年間総成長量は 9,500 万 m³ になり、ドイツ全体では 1 億 2,000 万 m³ を上回るとしている。伐採量は 1980 年代から 1990 年代初めまでは約 3,000 万 m³ で推移し、風倒木処理で 1990 年に 7,600 万 m³、2007 年に 7,900 万 m³ と突出したが、2000 年前後は平均 4,000 万 m³ 前後の伐採量で推移して、その後 5,000 万 m³ 台で推移し 2016 年は 5,200 万 m³ となっている。森林の木材伐採可能量は 1996 ～ 2000 年度で 5,767 万 m³ とされ、2001 ～ 2005 年度で 5,684 万 m³ とされており、5,000 万 m³ を上回る伐採量は過剰といえる。」

　ドイツは、日本の人工林面積とほぼ同じ森林面積から 5,000 万 m³ を超える木材をコンスタントに生産し続けていますが、この伐採量は過剰との指摘がなされています。日本でも約 1,000 万 ha の人工林からどれくらいの伐採量が継続して可能か、林野庁の計画課長時代に様々な検討を加え、5,000 万 m³ までなら資源の保続性は保てるとの結論を得ました。この時は公表しませんでしたが、平成 29 年度の『森林・林業白書』に 4,800 万 m³ という試算値が載っています（図3-3）。

　ドイツの森林は ha 当たり年間 12m³ 以上成長しており、国全体で

93

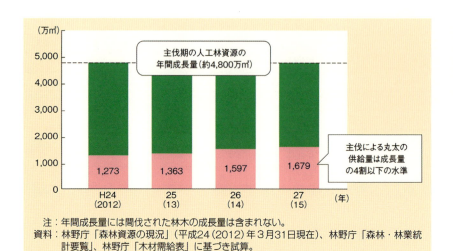

図3－3　主伐期の人工林資源の成長量と主伐による丸太の供給量
　　　　出典：平成29年度『森林・林業白書』

1億2,000万m^{3}以上成長しているのですから、先に述べたフィンランドやスウェーデンと比べても成長量の範囲内で伐採が行われています。

　一方で、日本と同様にたびたび風倒木災害が起こっています。2020（令和2）年から翌年にかけて、中国がこの風倒木を大量に輸入しており、ドイツからロシア経由のシベリア鉄道を使って運んでいるとのことです。ドイツなどの中欧諸国の森林には、風倒木のほかに酸性雨による被害や病害虫の被害などが発生しており、保続性で懸念される材料はいろいろありますが、全般的にドイツでは計画的な林業経営が営まれています。日本の林業は明治時代にドイツ林学を導入して本格的に始まっており、ドイツは日本林業のお手本的存在です。

　そのドイツには、2010（平成22）年に初めて行きました。訪れたのは、有名なシュヴァルツヴァルト「黒い森」です（写真3－25）。箱根のような街並みと曲がりくねった道を進み、100haの所有森林で年間400万円程度の収入を得ている優良林家を訪ねました。18歳のときに父親の反対を押し切ってつくったという作業道や500mほどの新しい道があり、その周りには120年生のトウヒ林がありました。樹高40m、胸

第 3 章　敵を知る

写真 3 − 25　ドイツ・シュバルツバルトの風景（2010 年、著者撮影）

写真 3 − 26　ドイツの大径木と稚樹（2010 年、著者撮影）

高直径 60cm 程度もある立派な立木が林立しており、これなら生産も効率的で収入も上がるという感じでした（写真 3 － 26）。

　このほかにも、540ha の私有林や 1,300ha の村有林を訪ね、2008（平成 20）年の風倒木の発生地などを見て回りました。北海道の富良野地方の山林や札幌近郊の野幌国有林のような地形のところに立派な林道が整備されており、その周囲には成長の良い森林がたくさんありました。その地方の営林署の方の話を聞きましたが、1970（昭和 45）年以降は針葉樹のトウヒを減らして、広葉樹を増やす近自然的林業に取り組んでいるということでした。

　その主なポイントは、①土地にあった森林づくりを基本に、②森林の安定性を高めるために混交林化を進め、③皆伐を控える森林施業と天然更新の推進に努めている――ということでした。森林の豊かなドイツでは、丘陵地帯のような地形の上に大径木の森林を育てており、伐採跡地は天然更新のため再造林コストも低く抑えられ、世界的に競争力のある林業が確立されています（写真 3 － 27、28）。

　この後、お隣のスイスにも行き、観光地で有名なサンモリッツ近郊の林業で生計を立てているという村を訪問しました（写真 3 － 29）。

　この村には 16cm 以上の立木が 17 万 2,000 本あり、トウヒ、カラマツ、五葉松（地元ではストーンパイン石松と言ってギターなど楽器の材料に高く売れると言っていました）があるということでした。伐採現場は 400 年生の森林で、ha 当たり 4 m³ は成長しているということで、樹高は 20m 程度でしたが胸高直径は 80cm くらいある立木を伐採していました。絶えず天然更新をさせるため、上木を伐っているということでした（写真 3 － 30）。伐採現場では、集材用フォワーダの横で馬を使った運搬が行われており、近代的な林業作業に伝統的な作業が共存している懐かしい光景を見ました（写真 3 － 31）。

　700 人ほどの村ですが、村営の製材工場を 100 年前から持っており、15 人ほどの直営伐採班や製材工場の職員がおり、3,000m³ 程度を毎年収穫しているということでした（写真 3 － 32）。

　世界には様々な林業経営があるのですが、保続性を確保すれば、太陽

第 3 章　敵を知る

写真 3 − 27　ドイツでのチェーンソーによる大径木の伐出作業（2010 年、著者撮影）

写真 3 − 28　ドイツの明るくて豊かな林相（2010 年、著者撮影）

写真3－29　スイス・サンモリッツ近郊の風景（2010年、著者撮影）

写真3－30　スイスで視察した400年生と言われる林（2010年、著者撮影）

写真3−31　フォワーダと馬搬が共存している集材作業（2010年、著者撮影）

写真3−32　天然乾燥のために積み上げられ注文を待つ製材品（2010年、著者撮影）

の恵みによって継続的に生産できる林業があるということをスイスの視察を通じて実感しました。

（4）オーストリア

オーストリアには、林野庁で木材課長をつとめていた2003（平成15）年3月末から1週間の日程で出張しました。

当時は、米国における同時多発テロ事件の余波を受けて海外渡航などが厳しく制限されていました。その中で、提案型である程度自己責任による出張の企画募集があり、これに提案して省内唯一の採択となり、木材課の部下と2人でオーストリアに行きました。出張するにあたって、オーストリアでラムコ・ホルツフェアアルバイトゥングス社という合弁会社を経営していた銘建工業の中島浩一郎社長にお願いして、ストラエンソの製材工場や伐採現場、ウイーン農林大学や連邦農林環境水資源省を訪問しました。

オーストリアの森林面積は約400万haと日本の6分の1で、蓄積は約10億m^3と少ないのですが、ha当たりの蓄積は295m^3と日本の2倍近くあります。樹種は、トウヒが約6割、マツとブナがそれぞれ約1割程度で、その成長量は平均でha当たり8m^3強と日本の人工林並みです。所有形態は、民有林が83％と日本より多く、所有者1人当たり面積は約19haと日本より大きいのですが、国際的にみれば際立って大規模というほどではありません（写真3－33）。

オーストリアは、北欧のフィンランドやスウェーデン、さらにドイツなどと比べて、山岳地帯の急峻な地形の中で林業・木材産業の国際競争力を高め、大量のホワイトウッド及びレッドウッドの集成材やラミナを日本に輸出しています。

林業機械の分野でも，昭和の終わり頃に栃木県の倭文林業に日本で初めて輸入されたプロセッサはオーストリア製で、私も試乗してその性能の高さに驚いた記憶があります。

オーストリアでは、急傾斜地ではチェーンソーによる伐倒、タワーヤーダによる全幹集材、プロセッサによる造材という作業システムによっ

写真3－33　オーストリアの山林風景（2003年、著者撮影）

て、細い丸太でも8〜10m³/人・日、太い丸太だと15〜20m³/人・日の生産性を確保しており、緩傾斜地ではハーベスタによる伐倒・造材で40〜80m³/人・日と、日本とは比べものにならない生産性を上げていました（写真3－34、35）。

その基盤として、林道だけで40m/ha、作業道を含めると80m/haという高い路網密度が整備され、伐採・搬出コストが20〜25ユーロ（当時の為替レートで2,700〜3,400円）と非常に低くなっていました。

一方で、日本では1991（平成3）年の台風による風倒木災害でオーストリアからタワーヤーダが輸入されたものの、ほとんど利用されていないのはなぜかという疑問がつきまといました。現地に行くと、オーストリアの森林も日本と同じように急峻なのですが、山ひだが少なく、日本のように至るところに浸食された山ひだが深く掘れているところでは、このような機械を導入するための作業道作設の難しさなどがあると強く感じました。

製材工場については、年間30万m³の原木を消費するストラエンソ社のソレナウ工場と、月間7,000m³の集成材を24時間稼働で生産して

写真3－34　オーストリアの急峻な地形での集材（2003年、著者撮影）

写真3－35　オーストリアの緩傾斜地での間伐作業（2003年、著者撮影）

いるラムコ・ホルツフェアアルバイトゥングス社の工場を視察しました。生産された集成材は、50m^{3}のコンテナに積み込み、ドイツの港まで鉄道で輸送して船に積み替え、スエズ運河経由で8週間かけて日本に着きます。その輸送コストが6,000円/m^{3}と聞き、オーストリアは九州の近くに存在するのと同じであり、これに対抗するためには日本の林業・木材産業の低コスト化が必須であると痛感しました。

そのときにつくったのが図3-4です。これが後に「新流通・加工システム」や「新生産システム」を予算要求した際の根拠になっていきます。

一方で、平均的な主伐林齢が80年生という資源構成のオーストリアを見て、日本もあと20年もすれば国際的な競争力を確保できるとの思いも抱きました。ただし、素材生産における労働生産性の向上や製材工場の大型化による加工コストの低減には、製品価格の高かった時代から続く高コスト生産システムを総入れ替えする必要性を強く意識しました。

ストラエンソ社では、小口の素材生産業者よりも大口の素材生産業者

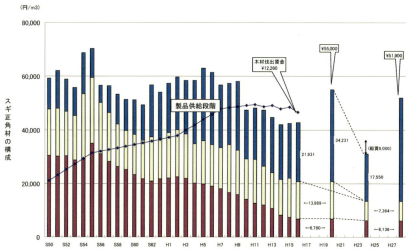

資料：「山林素地及び山元立木価格調」（日本不動産研究所）、「木材価格」（農林水産省）、「林業労働者職種別賃金調査」（厚生労働省）

注：立木段階は、スギの山元立木価格、原木供給段階は、スギ中丸太価格と山元立木価格の差額とした。製品供給段階は、スギ正角材価格とスギ中丸太価格の差額とした。なお、山元立木価格とスギ中丸太価格は、歩止り65％として製品1m^{3}を製造するのに必要な量（約1.54m^3）の価格で積算している。欧州現地価格は、1ユーロ＝135円で換算。

図3-4　木材価格の推移と構成

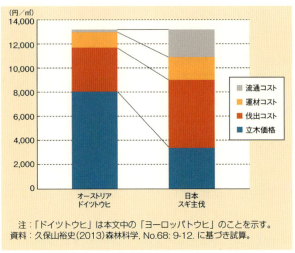

図3-5　丸太価格におけるコスト比較
出典：平成29年度『森林・林業白書』

には m^3 当たり1,000円程度上乗せして買い入れているということで、10万 m^3 納入する業者にはそれだけでも1億円のプレミアムがつくことになります。そのため小規模所有者の森林から生産される原木をとりまとめて価格交渉をする組織的な対応が行われており、こうした仕組みの日本への導入や大規模木材加工工場への原木直送システムの必要性を強く認識しました。平成29年度の『森林・林業白書』にはオーストリアと日本の生産コストを比較した図3-5が掲載されており、依然として大きな課題となっていることがわかります。

4．ニュージーランド

　ニュージーランドは、2,700万haの国土面積（日本の国土面積の約7割）に、わずかに500万人程度が暮らしている自然豊かな国です。森林面積は約1,000万haで、そのうちラジアータパインを中心にした人工林が約170万haあり、豊かな林業や木材産業が形成されています。
　私は、2019年3月に無人化林業研究会の活動の一環としてニュージーランドを訪れました。その視察で同行をお願いした同国在住の松木

法生氏が『木材情報』（日本木材総合情報センター発行）の 2019 年 2・3 月号に「ニュージーランドの人工林業 100 年」として、次のように寄稿しています。

「NZ（ニュージーランド）の人工林面積は 171 万 ha と日本の 5 分の 1 に過ぎない。しかし年間伐採量は近年 3,000 万 m³ を大きく超えている。本格的な森林行政の開始から約 100 年、3 度の植林ブーム経て人工林 171 万 ha の 90％を、米国カリフォルニア原産のラジアータパインで占めている。第一次植林ブームは 1935 年までに約 12.5 万 ha を目標に始まるが 1935 年時点で 30 万 ha を達成する。第二次植林ブームは 1960 年前後に 2050 年・80 万 ha を目標に始めるが、1985 年に 100 万 ha を超えた。1993 年から 2002 年が第三次植林ブームで、林業収入を目的とした植林で 1994 年には 9.8 万 ha の植林をしている。植林面積は 2000 年代に入ってからは横ばいで推移している。1990 年代から 2000 年代を通じて、国公有林の民営化が進行し、北米系ファンドなどの外国資本が参入し、2017 年現在 NZ の人工林の 96％が民間企業の運営下にある。また人工林の 55％、約 94 万 ha が 50 社で管理運営されている。日本企業では（株）ウッドワン、王子グリーンリソース（株）、住友商事（株）、住友林業（株）などがある。NZ の丸太の輸出量は 2000 年代半ばからリーマンショックまでは年間 500 ～ 600 万 m³ であったが、2010 年に初めて 1,000 万 m³ を超え、2018 年には 2,111 万 m³ となっている。輸出先は韓国と日本が長く 1、2 位であったが、2009 年に中国が首位になると中国の輸入量がそのまま輸出の伸びとなっていった。現在は中国、韓国、インド、日本が上位輸出先国で、輸出の 95％を占めている。中国の木材輸入は、2005 ～ 2007 年にはロシアが一番で 2,000 万 m³ を超えていたが、2014 年に 1,000 万 m³ を割るなど減少し、2013 年以降は NZ が針葉樹丸太輸入の最大の相手国となっており、2018 年には約 1,600 万 m³ が輸入されている。NZ のラジアータパインは、中国では一次加工、二次加工され製材品や合板、建築資材や化粧材まで多種多様な用途で使われている。韓国では仮設建設資材や梱包材として利用されている。インドの木材輸入では、NZ はマレーシアに次いで第二の地位にあるが、

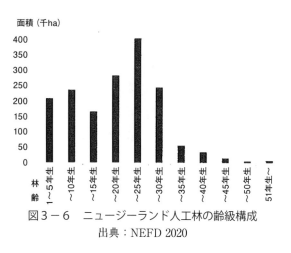

図3－6　ニュージーランド人工林の齢級構成
出典：NEFD 2020

インド市場は広葉樹が圧倒的に好まれていることから、ラジアータパインの輸出は伸び悩んでいる。」

　このようにニュージーランドは、約170万haの人工林から、毎年日本とほぼ同じ約3,000万m³の木材を生産しています。人工林の平均伐採林齢は29年生前後ということで、30年生を超える人工林が少ないことが特徴です。前出の「2023年海外情報」には、図3－6のように報告されており、表3－9のように約6割を丸太のまま輸出しています。

　さて、調査では、住友林業の現地法人であるTASMAN PINE

表3－9　ニュージーランドの丸太生産量と供給先の推移

(単位：千m³)

年	人工林材の供給先							人工林計	天然林	合計
	製材	合単板	小径木加工	パルプ	輸出チップ	輸出丸太			
2015	7,289	1,204	1,241	3,561	241	15,396	28,931	22	28,953
2016	7,425	1,033	1,290	3,497	291	17,428	30,965	24	30,989
2017	8,402	1,191	1,298	3,604	274	19,216	33,984	17	34,001
2018	7,976	1,246	1,307	3,523	232	21,384	35,669	15	35,684
2019	7,825	1,228	1,251	3,543	257	21,720	35,825	18	35,843
2020	7,207	961	1,173	3,275	200	20,083	32,899	10	32,909

出典：第一次産業省、Forestry and wood processing dataより作成。各年1～12月の計。2020年は暫定値。

第 3 章　敵を知る

写真 3 − 36　ニュージーランドの伐採現場（2019 年、著者撮影）

写真 3 − 37　日本の伐採現場と同じニュージーランドの急傾斜地（2019 年、著者撮影）

107

FORESTS LTD.（以下「TFR社」と略）を視察しました。2万7,000ha の経済林で毎年1,000ha を伐採し、再造林を基本に林業経営を行っているということでした（写真3－36）。ラジアータパインの成長量は30年生で600〜650m^3/ha ということで、丸太にして45万t（0.97m^3/t 換算で44万m^3）を生産していました。生産性は、条件の悪いところでも150〜200t/8時間（6人：先山1人、土場4人、先行伐倒1人）であり、通常は200〜300t/1日（250t/1日、7人：チェーンソーマン1人、重機4人、タワーヤーダ1人、クルーボス1人）と、日本と同じ急峻な山岳地系で驚くべき生産性を上げていました（写真3－37）。伐倒作業は、急傾斜なところは人で行うが、基本はテザーシステム（Tether System）でこなしていました。

　その後、王子ホールディングスの現地法人である PAN PAC FOREST PRODUCTS LIMITED（以下「PAN PAC社」と略。）を訪れました。そこでも3万ha の経済林を30年周期で毎年1,000ha 伐採していました。伐採後は除草剤を撒き、ラジアータパインを ha 当たり800本植栽し（写真3－38）、収穫時点では枝打ち林分で270本/ha、通常林分で300本/ha 程度、収穫量で600〜800t（580〜780m^3）/ha 程度になっているということでした。成長量にして年間26〜30m^3/ha になるとの説明を受け、選抜育種されたラジアータパインの成長の良さに驚きました（写真3－39）。何より驚いたのは、伐採前のラジアータパインから天然更新されて芽生えてきた稚樹は抜き取っているという説明でした。理由は、30年間の育種の成果が損なわれるということで、天然更新よりも選抜育種苗の人手による植栽を選んでいました。まさに目からうろこで、天然更新するカナダや北欧との競争に悩んでいたのが嘘のように晴れました。

　現地で聞いた生産性の目標は、スイングヤーダ＋ケーブルグラップルで250〜300t/日（5人：スイングヤーダ1人、エクスカベータ1人、グラップル1人、ハーベスタ1人、クルーボス1人）でした。また、TPF社でテザーシステムと呼んでいた機械伐倒システムは、ハーベスタ（36t）に10mほどのチェーン2本をつけ、その先は28mmのワイヤーでエクスカベータ（30t）のウインチにつながっていました（写真3

第 3 章 敵を知る

写真 3 − 38　ラジアータパインの育種苗と除草剤散布後の植栽地（2019 年、著者撮影）

写真 3 − 39　ニュージーランドのラジアータパイン 30 年生（2019 年、著者撮影）

写真3－40　テザーシステムと呼ばれる機械伐倒システム。エクスカベータにつながれたハーベスタが伐採作業を行う（2019年、著者撮影）

－40）。1人作業でもハーベスタの荷重は必要な時の2〜3割を支えるそうです。収穫コストは、車両系が25〜30NZドル（2,000〜2,400円/t）、架線系が30〜40NZドル（2,400〜3,200円/t）と、日本と比べて非常に低くなっていました。

写真3－41　製材工場のコンピュータシステム（2019年、著者撮影）

第 3 章　敵を知る

写真 3 − 42　山元で 18m に採材された丸太（2019 年、著者撮影）

写真 3 − 43　手作りされたスキャナーと採材システム（2019 年、著者撮影）

　また、PAN PAC 社の経営する大型の製材工場は、製材加工ラインこそ 20 年前の設備ということでしたが、平均径 45cm（30 〜 70cm）の丸太が投入されていました。まず曲がりを判断するスキャナーに、次に丸太から採る製材品を決定するスキャナーにかけて大割機へと進む最新鋭のコンピュータを駆使して人手を極力省くシステムに工夫していました（写真 3 − 41）。

その工場へ投入される丸太は、山元ではなるべく長く採材していました（写真 3 - 42）。一番長い丸太は 18m で搬入され、1 cm ごとに 360 度スキャンし、直径，反り曲がり、長さを計測し、1 分間で最適な採材をコンピュータが判断していました（写真 3 - 43）。採材の判断は最大の価値になるようにしており（例：枝打ち材 190NZ ドル（1 万 5,200 円）、非枝打ち材 130NZ ドル（1 万 400 円）、パルプ材 50NZ ドル（4,000 円）/t）、それぞれの市場に合ったグレードに採材することを重視していました。このシステムは PAN PAC 社の担当部長の手作りで、スキャナー装置は 1 日 2 回、それぞれ 1 時間の休憩をはさんで 22 時間稼働しており、山元での採材・仕分けに要していた 35 人分の省力化につながっているという話でした。製材工場で生産された製品は、芯材はグリーン材の梱包用として国内の製材工場へ、外側は人工乾燥をして KD 材やボードとして輸出していました。

今後に向けて、PAN PAC 社の責任者は次のように話しました。

「伐期 30 年での収穫システムをそれ以上にすることはない。現状でも 27 年程度に下げており、最大の価値を目指して、より短くなると考えている。NZ では林業への投資は羨望の的であり、無節材は品質価値があるので枝打ち林分をもう少し増やすかもしれない。NZ のラジアータパインの販売先は、国内市場が小さいので海外市場が重要だが、輸出の 7 割（約 1,600 万 m^3）が中国向けというのはリスクが大きすぎる。使える針葉樹資源は世界的に少ないので、ラジアータパインの価値は確実に上がっており、今後も上昇すると考えている。ラジアータパインの競争相手は、南米（チリ、ウルグアイ、ベネズエラ）、北米（サザンイエローパイン、ダグラスファー）、そしてロシアである。」

日本の林業は、競争相手として眼中にないという感じでした。

5．中国

中国には、林野庁の現役時代に 3 回と、退職してから日本治山治水協会の一員として 1 回、都合 4 回訪れました。

第3章 敵を知る

写真3－44 中国・寧夏ウイグル自治区銀川での砂漠の緑化風景（2004年、著者撮影）

写真3－45 銀川郊外の砂漠の緑化地区視察風景（2004年、著者撮影）

113

写真3－46　中国・西安郊外の河川沿いのポプラの人工林（2004年、著者撮影）

　最初は、寧夏ウイグル自治区の銀川という街で、敦煌の時代に西夏という都のあったところで、郊外にある砂漠の緑化を視察しました（写真3－44、45）。また、西安の近郊にあるポプラの人工林（写真3－46）も視察しました。
　次に訪れたときも、鳥取大学の教授だった方が苦労して緑化された内蒙古自治区の恩格貝（おんかくばい）を見ました。また、北京における人民大会堂の会議と、JICAの林木育種のプロジェクトも視察しました。
　3度目は、湖南省の長沙で行われた会議に参加し、植林地の視察と湖北省の武漢まで陸路を400kmほど車で走りました。
　3回とも林業や木材産業の現場を本格的に見ることなく終わりました。
　林野庁を退職後、日本治山治水協会に入って、中国の国家林業局から治山に関する技術交流の話があり、四川省の成都から済陽市の近郊で2008年の大規模地震の跡地復旧を行っている北川県を視察しました（写真3－47）。これも林業や木材産業の現場ではなく、本格的な人工林の林業や大型で効率的な木材産業が中国にあるというイメージは湧かないのですが、世界でも1、2を争う木材消費国であることは間違いありません。

第3章 敵を知る

写真3－47　2008年四川省の大地震の被害地の掲示板（2016年、著者撮影）

　前出の「FRA2015」によると、中国の森林面積は2億832万ha、蓄積は160億m^3、人工林面積は7,898万haとなっています。その後も人工林の造成が世界一の規模で続けられており、最近では森林面積が2億2,000万haになっているという報告もあります。また、FAOの「Yearbook of Forest Products 2018」によると、丸太の伐採量は3億4,316万m^3、消費量は4億285万m^{3}で、その差である約6,000万m^{3}を世界各国から輸入しています。

　中国については、書籍『中国の森林・林業・木材産業—現状と展望』（森林総合研究所編、日本林業調査会、2010年発行）に、次のように記されています。

　「2008年調査での森林面積は1億9,333万ha、蓄積は134億m^3、人工林6,169万ha、森林率21％、ha当たり蓄積67m^3/ha（日本は171m^3/ha、世界平均111m^3/ha）である。森林は黒龍江省などの東北地域と四川省などの西南地域に中国の半分の森林が分布し、人工林は長江以北の

沿海部にポプラの造林地が、沿海南部にユーカリの造林地が分布しており30年程度の短伐期で利用されている。2008年の人工林5,365万haのうち、広西自治区449万ha、広東省440万ha、湖南省390万ha、福建省375万ha、四川省343万haとなっており、広西自治区では毎年1,000万 m^3 近くの商材品を供給している。2008年の木材生産量は、ポプラが河北省55万 m^3、山東省181万 m^3、河南省59万 m^3、コウヨウザン（杉木）が湖南省875万 m^3、広西省610万 m^3、福建省757万 m^3、ユーカリが広東省509万 m^3、広西省1,115万 m^3 である。広西省のコウヨウザン25年生の主伐木の高品質材（60%）は家具・内装用の製材・木質ボード等に加工し、低品質材（40%）は主にランバーコア合板となる。広東省・広西省のユーカリは、合板、ファイバーボード、製紙用チップ等になっている。ポプラは6〜10年伐期で木質ボード（合板、MDF、パーティクルボード等）になる。早生樹人工林資源は木質ボード、製紙原料として用いられる場合がほとんどであり、高級家具や構造材となることはできない。中国の木材製品の主要な用途は構造材でなく、家具・内装材、土木・建築資材、製紙用材である。2004年の中国の新設住宅着工戸数は1,560万戸、うち木造は1万戸程度といわれている。」

　中国の木材需要の多くはマンションの内装材や土木用材であり、ポプラ、コウヨウザン、ユーカリの人工林から活発な木材供給が行われています。

　令和2年度の『森林・林業白書』は、次にように記しています。

　「中国では2017年から商業ベースでの天然林伐採を全面的に停止しており、国内需要の増加に伴い、輸入量が増加傾向にある。2019年においては中国の丸太輸入量は前年比17%増で過去最高の5,744万 m^3 に達し、19年連続で世界一の丸太輸入国になった。」

　2021年2月11日付けの『日刊木材新聞』によると、2020年の中国の丸太輸入量は5,949万5,000m^3 で、最大輸入相手国はニュージーランドの1,622万 m^3、第2位はドイツの1,029万 m^3、第3位はロシアの634万 m^3、次いで、オーストラリア457万 m^3、チェコ339万 m^3、米国334

第 3 章　敵を知る

万 m³、パプアニューギニア 265 万 m³、ソロモン諸島 205 万 m³、カナダ 129 万 m³、そして第 10 位に日本が入り 115 万 m³ となっています。特にドイツからは、先にも述べた虫害材が鉄路で輸入されており、急増していると記述されています。また、製材品については、最大輸入相手国はロシアで 1,568 万 m³、第 2 位がタイの 355 万 m³、次いで、カナダ 290 万 m³、米国 164 万 m³、ニュージーランド 31 万 m³ ということです。日本も早く丸太の輸出から製材品の輸出に切り替わっていくことが望まれます。

6．ベトナム

　ベトナムには林野庁を退職後 4 回行っています。人口約 1 億人のベトナムの第一印象は内装材や家具以外の木材は見ないというものです。建設現場にも商店街にも木材はなく、建築物も鉄とコンクリートだらけで

写真 3 － 48　日本のホームセンターにあるベトナム製の家具

117

す。一方で、日本のホームセンターでは、写真3－48のようなベトナム製のアカシアの家具を見かけます。ベトナムは家具の世界的な生産国で広葉樹を多く使っています。「Yearbook of Forest Products 2018」によると、製材品の生産量600万㎥のうち針葉樹は0㎥で、消費量は747万㎥のうち針葉樹63万㎥と圧倒的に広葉樹の国となっています。

　全国木材検査・研究協会が2015年に林野庁の委託事業でベトナムを調査した報告書によると、ベトナムの森林面積は約1,400万haで、天然林が約7割、人工林が約3割です。1995（平成7）年から国家計画として植林が推進され、2014年現在約370万haのアカシアやユーカリの人工林が造成されています。特にアカシアの人工林が優勢で、ベトナムの北部から南部まで全国各地に人工林が見られます。2015年からは天然林が伐採禁止になり、アカシアの人工林が7～8年生で伐採され、末口径10～20cm、大きいものでは30cmの丸太を木製品の原料として利用し、木材チップ、合板・LVL、集成材、木製家具などを生産しています（写真3－49）。このアカシアは広葉樹ですので、ベトナムの広葉樹の消費量が多いことが理解できます。

　2023年にベトナムに行き、アカシアの15年生の見本林を見ました。平均胸高直径30cmほどで樹高が35m近くに伸び、枝打ちはしていないものの枝下は高くなっていました（写真3－50）。ベトナム政府は、この15年伐期を勧めているのですが、農民は長くても8年程度で伐採しており、6割がチップ、4割が製材として利用されているそうです。

　アカシアとユーカリの植林後1年3か月しか経っていない植林地も見ましたが、成長が旺盛で短期で換金できる8年で伐採するのも無理はないと思いました（写真3－51、52）。

　このベトナムで見た苗木はポットに2か月育苗した挿し木苗で、1本10円とのことでした。日本で苗木が10円だったのは昭和40年代後半で、今は150円以上もします。この植林地はha当たり2,000本植えなので苗木代は2万円、地拵えや植え付けに30～40人が必要だそうですが、人件費は1,800円／人・日ということで、その費用は5万4,000円から7万2,000円程度ですむことになります。このため、アカシアなど

118

第3章　敵を知る

写真3−49　ベトナムの家具工場

写真3−50　15年生のアカシア林

119

写真3－51　アカシア（植林後1年3か月、2023年、著者撮影）

写真3－52　ユーカリ（植林後1年3か月、2023年、著者撮影）

第 3 章　敵を知る

写真 3 − 53　チップ用のアカシア（5 年生の原木、2023 年、著者撮影）

写真 3 − 54　輸出用港湾へチップを搬送する大型トラック（2023 年、著者撮影）

　早生樹の造林の初期投資は 10 万円以下であり、これが 8 年で 150 〜 180m^3/ha も旺盛に成長して、約 90 万円程度の収入が得られるということです。
　一方で、従来は主な収入源だったゴムの木の植林は、植栽後 7 年目か

ら1年のうちに8か月間毎朝陽が昇る頃まで樹液を採取し、30〜40年生で植え替えのため伐採し、ゴムの木を木材として売るのだそうです。最近は、ゴムの木よりアカシアなどの早生樹の植林が盛んになってきているということでした。このベトナムでの林業を見て、日本での早生樹林業はなかなか競争力は確保できないと思いました。

そのアカシアを原料とするチップ工場を見る機会もありました。この工場では元口20cm、長さ10mの5年生のアカシアを農民から購入して、年間100万tのチップを中国に輸出しているということでした（写真3－53、54）。

いずれにしても、アカシアやユーカリという早生樹は、日本では考えられないほど良く成長しており、それを原料にするチップやペレットは世界的な競争力が高いと言えます。

7．ロシア

ロシアは、世界の生産林の4割を占めています。シベリア上空の飛行機から180°のパノラマ写真のような光景を見たことや、トランジットでモスクワの空港に降りたことはありますが、実際のロシア林業や木材産業の現場は見たことがありません。

1985（昭和60）年から2年間、福島県の勿来営林署長をしていました。この営林署は年間3万m³〜4万m³という前橋営林局管内でもそれなりに生産量の大きい方でした。管内には小名浜港があり、そこにはロシア材が年間100万m³くらい入荷していました。まさしく天然林の年輪の詰まった木材で、国産材はなかなか競争できない立場にありました（写真3－55）。

近年のロシアから日本への丸太輸入量は、2006（平成18）年の497万m³（日本の丸太輸入量の47％）が2018年には14万m³（同4％）と非常に少なくなりました。令和元年度の『森林・林業白書』は、次のように記しています。

「2017年12月には、ロシアは、極東地域での木材製品化を進めるた

第3章　敵を知る

写真3－55　小名浜港のロシア材（1985年頃、ヘリコプターから著者撮影）

め、極東のエゾマツ、トドマツ、カラマツの丸太に対する輸出税率の引上げを決定した。加工品輸出比率の条件を満たさない企業に対する税率が25％から段階的に引き上げられ、2021年以降は80％の税率が適用されることとなった。」

このような事情で丸太の輸入は急減しており、一方で製材品などの木材加工品の輸入はそれを補填するまでにはなっていません。

書籍『ロシア　森林大国の内実』（柿澤宏昭・山根正伸編著、日本林業調査会、2003年発行）は、次のように記しています。

「ロシアは世界最大の森林面積8億5,100万haと世界の4分の1弱を占めている。ロシアの森林開発は進んだとはいえ、成熟・過熟林の蓄積が全体の5割以上を占める。樹種はカラマツが最も多く、全体の4割近くを占めマツ、カンバ、エゾマツ、トドマツが続く。平均蓄積量はカラマツが優先した森林では90m^3/ha以下と低い。東シベリアの蓄積（1993年）は133.3m^3/ha、イルクーツク162.6m^3/ha、極東は86.5m^3/ha、サハリン125.4m^3/haと全国的にも資源劣化が著しい地域となっている。東西シベリアの平均成長量は、それぞれ1.3m^3/ha、1.2m^3/haで、極東地域は全体で0.7m^3/haに過ぎず、最も成長量が大きい沿海地方でも

1.5m³/ha である。森林伐採量は 1980 年に全体で 3 億 2,800 万 m³、フィンランドに隣接する北部地域が 7,600 万 m³、次いで東シベリア地域 6,400 万 m³、ウラル地域 5,300 万 m³、極東地域 3,300 万 m³ となっていたが、2000 年には全体で 1 億 3,000 万 m³、北部 3,000 万 m³、東シベリア 2,800 万 m³、ウラル 1,300 万 m³、極東 1,200 万 m³ となっている。ハバロフスク地方の年間許容伐採量は 2,800 万 m³ とされているが、実際には経済的な伐採量は 1,000 万 m³ 程度という推定もある。2000 年の伐採量は 600 万 m³（ピークは 1985 年の 1,440 万 m³）であるが、1980 年代にはアクセス可能なところから年間許容伐採量に近い伐採を行っていたが、年間許容伐採量の算出方法に問題があり、当時は過伐状態であったと推定される。ハバロフスク地方の森林は多発する森林火災と非効率で『伐り逃げ』ともいえる森林伐採等で森林資源の劣化が進んでおり、持続的な森林経営が成立しているとは言えない状況にある。」

　さらに同書は、次のようにも記しています。

　「極東地域の伐採跡地には、カンバの林が広がり、その後陰樹である針葉樹が侵入し針葉樹主体の森林に遷移するが、一般的に伐採後 30 年近く経過しても、広葉樹の生育も後継の針葉樹の生育も芳しくない。皆伐・火災跡地には広葉樹を主体とする二次林が成立する場合が多く、その後針葉樹を主体とする森林に遷移していくのに 50 〜 60 年、さらに針葉樹が成熟するまでには 100 年以上という長い年月を要する。」

　また、平成 10 年版『環境白書』（環境省編）には、「ロシアの極東地域は年間伐採量 2,000 〜 3,000 万 m³ に対し、森林蓄積は年間 1 億 m³ 以上減少している。」との記述もあります。ロシアには人工林が 1,890 万 ha あることになっていますが、日本に近い極東地域の森林資源は当面その回復は難しいということです。

　なお、1990 年代後半にフィンランドでロシア材が鉄道車両で輸入されている光景を見たので、西ロシアからある程度の木材供給は続き、今後フィンランドや旧東欧圏経由の製材品の一部がロシアから直接輸入されることになると考えていました。しかし、ウクライナとの戦争により、当分ロシアからの木材供給はなくなったようです。

第4章
己を知る
―日本林業の実力―

1. 世界の主要林業国の動向と木材需要の見通し

　ここまで述べてきたように、日本の林業は、世界各国の二次林や三次林といった人工林と競争する時代に入っています。ここで全体状況を改めて整理しておきましょう。

　第2章で見たように、世界の人工林面積は1990年代以降増加し、2000 ～ 2005年には年間530万ha、最近でも年間320万haのペースで増えています。

　ただし、世界の人工林の中には、自然保護を優先すべきところがかなりあります。それでもニュージーランドのラジアータパインのように年間成長量20 ～ 30m³/ha、30年生で600 ～ 900m³を収穫ができる樹種があります。また、中国やベトナムなどではアカシア、ユーカリ、ポプラなどの5 ～ 20年以下で収穫できる早生樹をエンジニアードウッドとして利用する取り組みが進んでいます。さらに、米国の人工林の約7割を占める南部地域のサザンイエローパインのように、平坦地で農業的に育成されている樹種もあります。第3章で見たように、サザンイエローパインがすぐに日本林業の競争相手になるとは考えられませんが、米国の太平洋沿岸州に広がるベイマツとカナダBC州のSPFは依然として手強い競争相手です。

　一方、ロシア極東地域の二次林は、成長が遅いので針葉樹材として利用するには少なくとも100年以上が必要です。天然林がイルクーツク周辺にあったとしても、貨車輸送で中国経由となるものは中国で消費されてしまうでしょう。ただ、欧州境界側の森林は成長が良いので今後も供給が続き、一部極東地域に残っている天然林からの供給も一定程度は続くでしょう。

　欧州材については、ソ連崩壊以降の東欧圏からの豊富な木材供給は次第に減少してきています。日本へ輸送する途中には、北アフリカ、中東、インドなどの木材輸入国が多くあるので、ホワイトウッドやレッドウッドなどの欧州材が日本国内で競争力を維持していくのは難しくなっていくでしょう。

126

第4章　己を知る

　世界の木材需要は、人口の増加や途上国のGDPの上昇とともに増加してきています。世界の人口は100億人になると予測されており、それに伴って木材需要も増加していくでしょう。これに応えるためには、持続的に管理された人工林からの木材供給量を増やしていく必要があります。日本の約1,000万haの人工林には国際的な競争力が備わってきており、素材生産や造林の生産性向上を進めれば、十分に世界で戦っていくことができます。

2．世界で戦うためには生産コストの削減が不可欠

　この50年近く、日本の木材価格は低迷したままでした。それが2021（令和3）年のいわゆるウッドショックのときには外材製品が入ってこなくなり、あれよあれよという間に製材品などの価格が上昇し、製材工場や流通段階に滞留していた在庫を一掃するという状況が発生しました。なかなか立木価格にまでは反映されませんでしたが、久しぶり

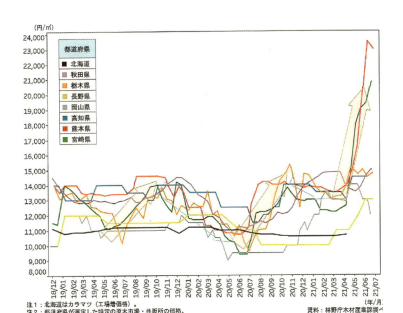

図4－1　スギ原木価格の動向

127

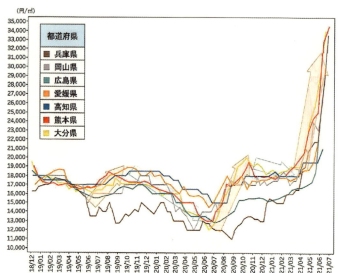

図4－2　ヒノキ原木価格の動向

に原木市場での丸太価格はスギが2万円を超え、ヒノキが3万円を超えました（図4－1、2）。

　私が鹿児島大学に在学していた頃は林業が盛んで、我が家の所有森林でも毎年約30ha、苗木にして約10万本の植林をしていました。大学院時代も含めた約6年間に180ha程度の植林をしたことになります（写真4－1、2）。

　当時、500ha以上の森林所有者は国庫補助事業の対象にならず、国の融資制度である農林漁業金融公庫の年利3.5％の造林資金を活用して植林を行っていました。木材価格は、私が林野庁に就職した直後の1980（昭和55）年をピークに下がり続けましたが、我が家は所有森林からの所得で生活していなかったので、直接の影響はありませんでした。一方で、25年据え置き35年償還という返済は残り、林野庁退職後、その返済のために所有人工林の伐採を始め、農林漁業金融公庫の債権を引き継いだ日本政策金融公庫に返し続けています。その中に、この4年間毎年4haずつ伐採している60～70年生の人工林があります（写真

128

第4章 己を知る

写真4-1 所有山林（人工林スギ）の遠景（2010年、著者撮影）

写真4-2 所有山林での間伐作業（2010年、著者撮影）

129

写真4－3　2021年に売り払った山林の状況（2021年、著者撮影）

4－3）。この人工林の2023（令和5）年の売り払い代金は964万円でした。

　この立木代金を2022（令和4）年の丸太の単価や伐出経費で計算すると650万円ですので314万円増えたことになります。ha当たり約80万円上昇し、241万円になりました。表4－1のように、スギで1万2,500円/m³が1万5,000円/m³へ、ヒノキで1万3,500円/m³が1万7,000円/m³へ上昇したのですが、日本の林業・木材産業全体でこのようなコスト削減ができれば安定した収益が得られることになります。特に、素材生産や造林分野でのAIなどを使った機械化によるコスト削減が喫緊の課題です。

　さて、私の役人人生は、木材価格の低下に抗う戦いでした。何を一番考えていたかというと、「木材需要拡大」よりも「生産コストの削減」でした。世界の木材取引に関税障壁はなく自由に競争していますから、国産材に競争力がない限りいくら需要を拡大しても外材がシェアを高めるだけになるからです。しかし、ここにきて遂に状況が変わりつつあり

表4-1　山林売買実績（2021年12月作成）

区分		スギ	ヒノキ	備考
平成3年8月	立木材積	319.97m³	728.86m³	約4ha 60～70年生
	木材売上代	4,799,550円 (15,000円/m³)	12,390,620円 (17,000円/m³)	
	伐出経費	7,551,576円 (7,200円/m³)		
	立木代金	9,638,594円 (9,190円/m³)		
参考 平成2年8月単価	木材売上代	3,999,625円 (12,500円/m³)	9,839,610円 (13,500円/m³)	
	伐出経費	7,341,810円 (7,000円/m³)		
	立木代金	6,497,425円 (6,195円/m³)		
	差	3,141,169円 (2,995円/m³)		

ます。それが2021年のウッドショックと言われるものでした。

3．ウッドショックから読み取れる大きな変化

　ウッドショックがなぜ起こったのか、様々な見方があります。コロナ禍からの経済回復や巣ごもり需要から米国と中国の木材需要がいち早く戻ったところに、港湾の荷役労働者が不足したことや、木材の輸送手段でもある海運に使うコンテナ不足が起こったからだと言われています。しかし、最大の要因は、世界的に木材需要が増大する一方で、天然林の伐採制限によって二次林を含む人工林への依存度が高まっており、その人工林の有限性が明らかになったからです。

　このことを示したのが図4-3です。経済学でよく使われる図ですが、横軸を木材需給の数量（Q）、縦軸を木材価格（P）としています。この図は、書籍『イギリス人が見た日本林業の将来』（ピーター・ブランドン著、熊崎実編訳、築地書館、1996年発行）を参考にして作成したのですが、ミソは横軸に平行な外材の供給曲線（FS）です。昭和30年代の外材が入ってこないときはFS₁で、木材価格は国産材の需給だ

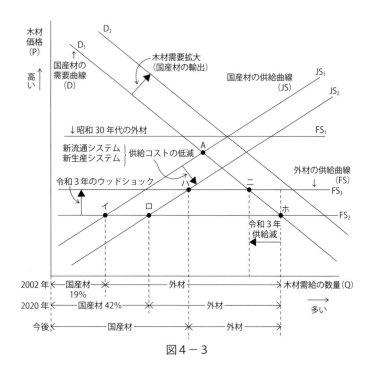

図4-3

けで決まっていました。したがって、D_1 と JS_1 の交わる A に向かって木材価格は高騰を続けました。その後、昭和の後半から平成にかけて日本の木材市場が高騰すると、世界の天然林からの木材輸入が増えて FS_2 に移行し国産材の価格は下がり続けました。

しかし、2021年のウッドショックでは、この直線が FS_3 のように上方へ移動し、大きな変化が起こっています。これまでは木材価格が高くなっても、海外からより安値で木材を買い付ければ、木材価格の高騰は収まりました。ところが、今回はそうなっていません。その大きな要因は、木材市場における製材用材の自給率の変化です。林野庁の発表では2019（令和1）年に一旦51％となり、その後、統計の区分を変更した関係で47.2％となっていますが、いずれにしても過半に近づいています。輸入商社は、欧州ですと輸送だけでも8週間近くかかる木材を買い付けますので、少なくとも半年先の価格見通しを立てる必要があります。これまでは、外材が日本市場で大部分を占めていたので、ある程度

第4章 己を知る

図4-4 製材工場の出力規模別の素材消費量の推移
出典：令和2年度『森林・林業白書』

価格のコントロールができたのですが、国産材が過半を占め始めたことから、見通しが立たずに高値での発注や輸送の遅れが生じています。図4-3で示すと、D_1とFS_2の交わるホからD_1とFS_3の交わるニへと変化し、価格高騰を"冷ます"役割を果たしてきた安い外材の供給が減少していると考えられます。

また、この約20年間で国内の製材工場が大型化し（図4-4）、スギ、ヒノキ、カラマツなどの製材品を安定供給できる体制が整いつつあることも大きな変化です。図4-3でいうと、JS_1からJS_2への移行です。林野庁では、2004（平成16）年度からB材の合板や集成材への利用促進を図る「新流通・加工システム」、続いて2006（平成18）年度からは製材工場の大型化やA材を含めた国産材の安定供給体制を構築する「新生産システム」を実施しました。このことが大きく作用して木材自給率は2002（平成14）年の19%が2020（令和2）年には42%に上昇しています。

さらに、外材の供給曲線であるFS_1からFS_2への変化で一番大きく作用したのは為替です。当然のことですが、外材はドルベースで輸入します。1971（昭和46）年の1ドル＝360円から円高が進んで、丸太や製材品の価格は、1ドル＝90円で4分の1、ピーク時の1ドル＝70円

133

では5分の1になりました。一方、1971年のスギの山元立木価格は1万2,040円/m³で、今は1ドル＝110円ですのでドルベース換算だと3,680円になります。現在の山元立木価格は3,000円/m³ですので、山元立木価格のピークから10分の1まで下がっているものの、一部の理由をこの直線の低下で説明できます。最近の対ドル為替レートは100円台から徐々に円安が進んで直近では115円近くにまでなっていることも、世界各地からの木材の買い付けを遅らせる要因になっています。

　もちろん為替だけでなく、原油価格の上昇やコンテナの滞留で起きた海運運賃の高騰も関係しています。2020年春先に、スエズ運河で日本の船会社が所有する大型コンテナ船の座礁事故が起きました。p.48で述べたように、この事故で輸送船の大型化の限界が露呈し、原油価格も再び上昇する気配であり、いずれにしても国産材の競争には有利に働くと考えられます。

　国内の木材需要は、人口減少による新規住宅着工数の落ち込みという

図4－5　階層別・構造別の着工建築物の床面積
出典：令和2年度『森林・林業白書』

マイナス要因を抱えていますが、中高層建築物の木造・木質化非住宅分野での木材需要拡大が見込まれています（図4－5）。また、米国へのフェンス材の輸出が始まったスギについては、その基準強度を米国で得ることによって2×4用材としての利用拡大が可能になります。このような取り組みによって、木材需要量を D_1 から D_2 へ移行させることができます。

4．日本の製材業は国際レベルに近づいてきた

　私が2001（平成13）年4月に林野庁の木材課長になった当時の日本の木材自給率は19％にまで低下しており、全国団体である全国木材組合連合会を構成する都道府県木協連の会長企業の多くも外材を扱っていました。一方で、1万2,000工場以上あった製材業の多くは国産材を扱っていましたが、製材品の高かった時代の生産構造が残っていました。

　その一例として、秋田県の能代市では、天スギ（天然林のスギ）に代表される良質な大径材を製材し続けてきた生産構造がそのまま残っていました。その天スギの製材を視察する機会に恵まれたので、朝一番に伺いました。社長と工場長が直径1mはあろうかというスギの大径木に最初の鋸入れをする断面を決めていたのですが、1時間経っても2時間経っても決まらず、時間がなくなって諦めて帰ったことを思い出します。別の工場では、幅1mもある包丁のような刃物で天スギをスライスし、薄い経木のようなものを貼り付けて天井板をつくっていました。どちらも付加価値追求型で、生産のスピードとかコストなどの効率性は求めていませんでした。

　かつて、スギのグリーン（未乾燥）の並材の柱が1本1,000円の時代に、三面無節の柱は4,000円以上していました。ヒノキの柱では、1本2,000円の柱が三面無節だと2万円以上していました。しかし、ライフスタイルの洋風化に伴い、住宅から和室が急激に減少していきました（第1章の図1－5、p.26参照）。

　最近の住宅展示場に行けばわかりますが、見かけだけの和室や和室の

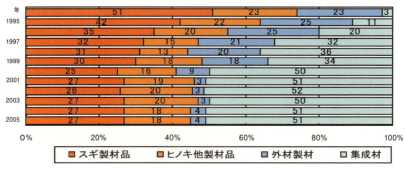

図4-6　在来木造住宅建築における柱角の使用割合（推定）
出典：日本住宅・木材技術センター試算

ない住宅が多く、日本の伝統的な和室は消えたと言っても過言ではありません。また、1995（平成7）年の阪神・淡路大震災以降は住宅の耐震性が厳しく求められ、冷暖房器具の普及に伴って気密性・断熱性が問われるようになったことから、製材品の品質・性能に対する要求度が高まっていきました。平成の時代に入ると、建築現場で木材を加工する作業が減少し、プレカット加工等による施工の合理化が進みました。

　こうしたことを背景に、製材品に対しては表面の化粧性を求める傾向が薄まり、強度や寸法等の品質・性能を重視するように大きく変化しました。図4-6は、在来木造住宅建築の柱用材に占める製品別のシェアを推計したものです。1995年にはスギ製材品（無垢材、グリーン材、生材ともいう）が51％を占めていましたが、2001年には25％へと半減しました。同じく米ツガ（無垢材のグリーン材）を主流とする外材製材品も23％から9％へ減少するなど、四面無節や四方柾目などを売りにした製材品が激減し、ヨーロッパ産の板（乾燥させたもの）を5枚ほど貼り合わせて柱にした集成材（KD材）が2％から50％へ急増しました。

　こうなると、ヨーロッパの集成材に対抗できるスギ製材品を生産することが命題になります。そのためには、欧米並みの製材スピードで効率良く低コストで製材品をつくれる大型の工場が必要であり、木材

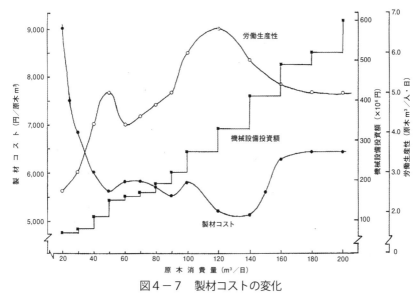

図4-7 製材コストの変化
出典：林業コスト問題の現状と展望（森林総合研究所研究会報告№11）

課長としてその取り組みを始めようしたのですが、まず部下や上司の意識改革が必要でした。

　林野庁の製材工場を対象とした補助事業では、原木年間消費量3万m³が上限になっていました。理由は、3万m³以上の製材工場は、生産コストが上がるということでした。その根拠となっていたのが図4-7です。これは、国立林業試験場（後の森林総合研究所）で製材の研究を続けられ、日本住宅・木材技術センターを経て、木構造振興の前任社長をつとめた西村勝美さんの論文に掲載されています。そこには、次のように記述されています。

　「1日20m³位の生産量であれば、直接コストは9,000円近くかかる。40m³位まで規模を大きくするとコストは6,000円程度に下がる。このように50m³までは規模が大きくなるとコストは着実に低下し、5,500〜5,600円まで下がる。ところが50m³を超え80m³位まではあまりコストが下がっていかず、むしろ上昇する。90m³になってまた少し低下し、さらに100m³になって再度上がる。120〜130m³になると再びコスト

は低下するが 140m³ 以上はあまり変わらず、それ以上になると 160m³ まで上昇してしまう。…（中略）…総合的に勘案すると、1 日あたり 50m³ 程度、年間 240 日前後稼働するとして 1 万 2,000m³ 位が一つの合理的な生産規模…（中略）…1 日 130m³、年間 3 万 m³ から 3 万数千 m³ まで規模を大きくして、コスト 5,000 円まで低下させる方が合理的」

　長年の現場での実証研究に基づく研究蓄積がこうだというのです。欧米では数十万 m³ や数百万 m³ の大型工場が効率よく安い製材品をつくっているのに、日本ではそうならないと説得されました。しかし、フィンランドの大型製材工場の生産コスト（表 3 － 3、p.79 参照）を知っている私は納得できず、西村さんに直接お会いして説明を求めました。

　そうすると、日本の製材工場は付加価値を求めるシステムのため、原木を最初に製材する大割機のスピードが外国（60 ～ 100m/ 分）に比べて遅く、早くても 20m/ 分程度であり、そのスピードが製材工場全体の生産量を規制しているということでした。ただし、当時の大割機でも 30m/ 分程度にはスピードを上げるシステムをつくることは可能なので、原木年間消費量 5 万 m³ 程度、大割機を 2 台置けば 10 万 m³ 程度の製材システムはつくれるという結論になり、5 万 m³ 以上の製材工場に助成するめどがつきました。

　とかく、役人は新しいことに踏み出す勇気がないのですが、それでは前提条件が変化しているとついていけません。表 4 － 2 は、後に西村さんから入手した資料ですが、製材工場の大規模化に伴って加工コストが

表4－2　スギ製材の規模別コスト例（2008 年上半期）

規模	原木消費量（m³）	製材コスト（円／ m³）	調査数
小	3,000 ～ 5,000	17,090 ～ 14,500（15,200）	3
中 1	5,000 ～ 8,000	15,010 ～ 13,550（13,800）	6
中 2	8,000 ～ 10,000	16,590 ～ 15,070（15,400）	9
中 3	10,000 ～ 30,000	12,060 ～ 10,590（11,300）	11
大 1	30,000 ～ 50,000	7,880 ～ 5,850（6,680）	18
大 2	50,000 ～ 100,000	5,210 ～ 4,640（4,800）	7
大 3	100,000 ～	4,250 ～ 4,010（4,150）	4

低減していくことがわかります。中小の製材工場に比べて、5万m³以上の大規模製材工場では加工コストに1万円以上の開きがあります。

次に課題になったのがスギの柱材などの乾燥でした。乾燥システムに関する研究や実践の中で成果は上がってきていたのですが、一定のコストで品質を確保しながら量産することは難しい課題でした。今でもまだ十分とは言えませんが、関係者の努力で徐々に克服されてきています。令和2年度の『森林・林業白書』によると、外材を含めた日本の製材品出荷量は、建築用材が727万m³（80％）、土木建設用材が45万m³（5％）、木箱仕組板・こん包用材が112万m³（12％）、家具・建具用材が6万m³（1％）、その他用材が14万m³（2％）となっており、建築用材に占める人工乾燥材の割合は2001年の約1割から2019年には約6割に上昇してきています（図4-8）。

日刊木材新聞社の調査によると、2002年に年間5万m³以上原木を消費した国産材製材工場は8社で、国産材入荷量は50万m³（製材工場全体の4％）にすぎなかったものが、2013（平成25）年には44社、392万m³（同33％）、そして2019年には41社、543万m³（同43％）に増えています（表4-3、4）。

この表の上位3社のうち、第1位の中国木材は外材業者からの進出です。2001年の木材課長時代に、中国木材の堀川保幸社長（当時）か

図4-8　製材品出荷量（用途別）の推移
出典：令和2年度『森林・林業白書』

表4-3　年間原木消費量の多い国産材製材工場等（2002年）

順位	事業者名	所在地（本社工場）	年間原木消費量（m³）
1	木脇産業	宮崎県	80,000
2	サトウ	北海道	68,000
3	協和木材	福島県	60,000
4	吉田産業	宮崎県	60,000
5	オムニス林産協同組合	北海道	56,000
6	院庄林業	岡山県	55,500
7	トーセン	栃木県	55,000
8	外山木材	宮崎県	55,000
9	庄司製材所	山形県	47,800
10	熊谷林産	北海道	47,000
11	石井木材早来工場	北海道	46,000
12	小田製材所	大分県	38,510
13	耳川林業事業協同組合	宮崎県	38,000
14	横内林業	北海道	35,500
15	瀬戸製材所	大分県	35,000
16	持永木材	宮崎県	35,000
17	イトー木材	栃木県	35,000
18	関木材工業	北海道	35,000
19	横内林業紋別事業所	北海道	34,800
20	湧別林産	北海道	34,000

出典：『木材イヤーブック2002』（日刊木材新聞社発行）を修正

表4-4　年間原木消費量の多い国産材製材工場等（2019年）

順位	事業者名	所在地（本社工場）	年間原木消費量（m³）	順位	事業者名	所在地	年間原木消費量（m³）
1	中国木材	広島県	962,000	21	庄司製材所	山形県	80,000
2	協和木材	福島県	492,000	21	佐藤製材所	大分県	80,000
3	トーセン	栃木県	331,000	23	東部産業	福岡県	75,000
4	遠藤林業	福島県	250,000	23	持永木材	宮崎県	75,000
4	外山木材	宮崎県	250,000	25	八幡浜宮材協同組合	愛媛県	74,000
6	ウッティかわい・川井林業	岩手県	231,000	26	久万広域森林組合	愛媛県	73,000
7	銘建工業	熊本県	195,000	27	門脇木材	秋田県	67,000
8	サイプレス・スナダヤ	愛媛県	180,000	28	向井工業	愛媛県	66,000
9	双日北海道与志本	北海道	122,990	29	オムニス林産協同組合	北海道	60,104
10	サトウ	北海道	121,000	30	ヨシダ	北海道	60,000
11	木脇産業	宮崎県	120,000	30	湧別林産	北海道	60,000
11	秋田製材協同組合	秋田県	120,000	30	高嶺木材	宮崎県	60,000
13	佐伯広域森林組合	大分県	110,000	30	瀬戸製材	大分県	60,000
14	玉名製材	熊本県	100,102	34	西垣林業	奈良県	59,700
15	小田製材所	大分県	95,000	35	三津橋農産	北海道	54,500
16	大ശ産業	山口県	94,000	36	オービス	広島県	53,650
17	二宮木材	栃木県	90,000	37	十和田燐寸軸木	青森県	53,000
18	院庄林業	岡山県	85,200	38	関木材工業	北海道	50,800
19	ネクスト	大分県	84,000	39	江与味製材	岡山県	50,000
20	横内林業	北海道	82,000	39	菊地木材	愛媛県	50,000
				39	山佐木材	鹿児島	50,000

出典：『木材建材ウイクリー』2019年10月7日、14日号（日刊木材新聞社発行）を修正

ら茨城県鹿島市に製材工場建設の相談を受け、国産材の製材をお願いしました。堀川社長からは、原木の安定供給が課題であり、年間30万m^{3}の確保にめどがつけば始めるとの回答をいただき、総力で支援に努めました。

　中国木材はその後、佐賀県伊万里市に製材・集成材工場をつくり、私が九州森林管理局長になった2006年に原木20万m^{3}を確保し、集成材工場へのラミナベースでは原木換算で約30万m^{3}を達成しました。

　中国木材の鹿島進出のときの説明で思い出すのが、広島県呉市にある工場との比較です。堀川社長は、米国からの輸送距離や港湾に接岸できる船の大きさなどで、いかにコストをカットできるかを主張していました。その後の宮崎県日向工場の建設においても、徹底したコストカットを追求していました（写真4-4）。

　第2位の協和木材と第3位のトーセンは、私が福島県の勿来営林署長を勤めていたときの入札業者で、約35年前からのつきあいです。当時

写真4-4　日本で一番大きい中国木材日向工場の土場（2017年、著者撮影）

の入札には北関東から福島県まで約160社の参加があり、多い時には入札室に70社近くが集まっていました。私は、入札業者にアンケート調査を実施し、回答のあった130社の中から約10社ずつ週末に訪問していました。中には、製材機は動いておらず電話機しかなく、営林署の土場を利用して丸太を目利き一つで購入し、転売して商売している業者もいました。ほとんどの業者が付加価値を目指していた中で、この2社だけは違っていました。

　当時の協和木材は、アカマツを太鼓に製材した梁を主につくっており、コスト意識の強い会社でした。低コスト化のために資材をバーコードのようなもので管理したいと言っていたことを思い出します。

　トーセンは、間伐材を中心にツインバンドソーの製材機で効率的な低コスト生産に取り組んでいました。他の業者が購入しないような丸太を集荷し、製材していたことが印象に残っています。当時の入札に参加した多くの会社は今はありませんが、この2社の繁栄は、時代の流れを鋭敏に捉える経営者の存在が大きいことを物語っています。

　図4-9は、2001年8月に林野庁の林政審議会に提出したものです。

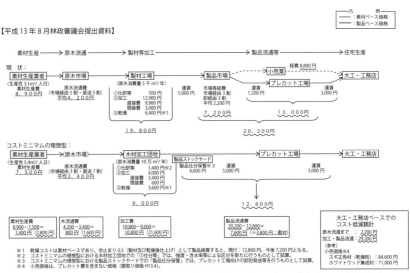

図4-9　製材におけるコスト低減の取組み（スギ1m³当たりの試算例）

このような具体的な目標を示した資料は初めてだったので、当時の林政審議会会長からお褒めの言葉をいただいたことを思い出します。この資料は製材を例にして、コスト低減への取り組みを具体的な数字をあげて示したものです。

まず、一番上段が2001年当時の現状認識です。そして下段がコストミニマムの理想型としての目標コストです。当時主流を占めていた年間原木消費量5,000m³の製材工場から、まだ存在しない10万m³の工場へ変化することによって、加工コストを1万9,800/m³から9,000円/m³へ約1万円引き下げるというものでした。日本の製材工場は、この20年間でこの目標にかなり接近してきました。

5. 木材流通の構造的変化が進んでいる

ここで、図4－9を作成した背景について説明しておきます。

2001年に林野庁の木材課長になり、今後の展開方向の基本は国際競争に勝つことと定め、日本の国産材利用生産体制を地域の特性に応じて、次の2つの方向で整備していくことにしました。

　①徹底的な低コスト化、ロットの確保及び品質・性能の明確化により、大消費地においてグローバルな競争の下で製品を安定供給する「大量消費の市場に向けた取組」

　②関係者が連携し、顔の見える木材での家づくりを通じて最終消費者の多様なニーズに対応した製品を供給する「関係者の連携に向けた取組」

このような取組方向を示した上で、今後のあるべき姿を明確化した体制整備を推進することにしました（図4－10）。

当時、在来工法住宅におけるプレカットのシェアはまだ5割未満でしたが、そのプレカット工場を重要な拠点と位置づけ、情報提供機能等の高度活用を推進するとともに、既存の製品市場については、ストック機能、与信管理機能を活かした総合的な住宅資材の供給基地としての方向を目指すこととしました。

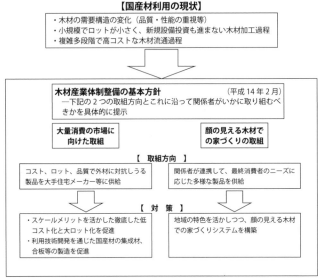

図4－10　2001年制定の「森林・林業基本法」における木材産業の展開方向

　原木流通についても、国際競争力をつけるために、地域の特性に応じて直送化または既存の原木市場の整理・合理化による大規模化を推進することとしました。原木市場は、昭和の終わり頃には500市場近くあったものが、減少したとはいえ400市場が800万m³を超える国産材を扱っていました。ただ、その6割近くが原木取扱量2万m³未満の市場で、6万m³以上の市場はわずか5％もいかないという時代でした（写真4－5）。

　さて、「大量消費の市場に向けた取組」の推進では、国産材が首都圏などの大消費地で外材や代替品との競争に打ち勝てる体制を築くため、素材生産、加工、流通の各部門について、大規模化によるスケールメリットを活かして、低コスト化した製品を大量に安定供給することを目指しました。特に、加工部門では、品質・性能が明確な製品の少品種大量生産が中心となることから、原木ストックヤードや高次加工施設等の一体的整備を行い、製品の供給先は大手住宅生産者や消費地に近いプレカット工場等を対象とするなど明確な戦略を持つことが重要

写真4−5　原木市場の大径木と選別機（2018年、著者撮影）

だと考えました。

　一方、「関係者の連携に向けた取組」の推進については、都市部の中小の大工・工務店や地方の木材産地等での根強い国産材需要を喚起するため、産直住宅等の分野を中心に、特定の需要先に向けて、地域材の生産過程で発揮可能な特性（地域の森林整備との結びつき、透明化された供給プロセス等）を活用し、国産材を供給することを目指しました。林業・木材関係者がリーダーシップを発揮して森林所有者から住宅生産者までの連携を強め、地域の特色を生かして消費者が納得する家づくりのシステムをつくることによって国産材市場を広めていくことはとても重要だと考えていました。これに関する製材工場の統計はないものの『森林・林業白書』に「顔の見える木材での家づくり」のグループ数及び供給戸数の推移として示されており、図4−11のように確かな成長を遂げてその地位を保ってきています。

　そして、利用が低位であった曲がり材や小径材等のB材を集成材や

図4−11 「顔の見える木材での家づくり」のグループ数及び供給戸数の推移
出典：林野庁木材産業課調べ。

　合板の原材料として低コストかつ大ロットで安定的に供給する事業「新流通・加工システム」を2004年度からスタートさせました。この事業の創設に当たっては、国産材新流通・加工システム検討委員会を設置して、様々な議論を行いました。そこでの流通に関する主な意見は、①従来の市場出荷方式でなく、プレカット工場が核となって流通機能を果たす方式や商社の機能を活用する方式を指向すべき、②価格の低い原木の流通コストを大幅に削減する観点から、直送方式を指向するとともに、販路を開拓し、素材生産の粗利益増大を促進すべき、③原木市場等を経由して販売を行う場合には、含水率、強度のグレーディングを行い、原木の選別機能を高度化すべき――というものでした。

　続いて、2006年度から地域材の安定供給体制を構築するためのモデル事業、いわゆる「新生産システム」を全国11か所において5か年計画で実施しました。この事業を仕組むに当たっての考え方は、次のとおりでした。

　①森林の所有構造、木材の生産・流通・加工体制がいずれも小規模・分散型である

②このため、生産・流通・加工コストのいずれもが高止まりしている構造である

③生産・販売のロットが小規模で大規模需要に対応できないことなどから、高コスト、不安定な供給システムであり外材に対する競争力を持っていない

「新生産システム」は、このような課題を解決し、成熟した人工林資源を活用した低コストで大規模な木材の流れを新たにつくることにより、住宅等における外材等のシェアを奪還していくことを目指しました。

さて、この間の国産材の流通構造の変化を農林水産省の「木材流通構造調査報告書（平成13、23、28年）」をもとに作成したのが図4－12です。

「木材統計」（農林水産省）によると、日本の製材工場は、昭和30年代後半まで2万5,000工場近くあったものが、2000（平成12）年には1万1,692工場、2003（平成15）年には1万工場を切り、2010（平成22）年には6,569工場と毎年ほぼ500工場が減少し、2016（平成28）年には4,934工場になっています。

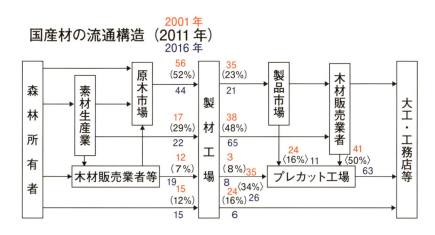

図4－12　国産材の流通構造の変化

写真4-6　製材工場の選別機と仕分けされた丸太（2011年、著者撮影）

　また、製材用素材の入荷量は、近年のピークである1989（平成1）年の4,500万m^{3}から減少を続け、2000年には2,700万m^3、2016年には1,659万m^{3}となっています。一方で、製材用素材の国産材比率は、2016年には73％（国産材1,218万m^3、輸入材441万m^3）を占めるまでに上昇してきています（写真4-6）。

　それでは、製材工場への原木（丸太）の入荷はどうなっていたのかというと、「平成13年木材流通構造調査報告書」では、原木市場からが56％と半分以上を占めていました。当時、原木市場に行くと、山元から輸送費2,000円をかけてきた国産材が椪積み・競り費用2,000円をかけても売値が6,000円に届かず、売れ残っている丸太が多く見られる状況でした。

　このように選別して競りにかけても価値の上がらない丸太は、商流と物流を分離して製材工場や合板工場に直送し、作業工程を簡素化することによって経費を抑え、少しでも山元に利益を還元する方式に変更することが原木市場の生き残る道ではと主張しました。これが直送の始まりです。その後、2016年には原木市場から製材工場への出荷は

44％となり、さらに原木市場の出荷には競り売り以外が約16％、85万m³含まれていると報告されています。

素材業者の製材工場への直送については、2002年にオーストリアの林業・木材産業を視察したとき、製材用原木量を安定供給する大規模出荷者からは単発な取引をする出荷者よりもm³当たり1,000円高く買い取っていると聞いたことが契機となっています（p.103〜104参照）。日本でも原木の安定供給とコスト低減を山土場仕分け、中間土場の作設、素材生産業者の規模拡大などで達成する必要があり、この約20年間でその取り組みが進んできました（図4－13、写真4－7）。

『国産材活用辞典』（日刊木材新聞社編、2021年発行）に、最新の丸太取扱量が直送の内訳とともに載っています。その中から主な業者を見ると、東北地方では青森県森林組合連合会（49万6,000m³、直送42万6,000m³）、岩手県森林組合連合会（47万4,000m³、同29万7,000m³）、

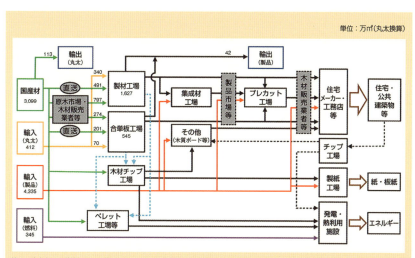

図4－13　木材加工・流通の概観
出典：令和2年度『森林・林業白書』

写真4−7　製材工場の土場に搬入された原木（丸太）(2011年、著者撮影)

ノースジャパン素材流通協同組合（55万8,000m³、すべて直送）となっており、この3社で約150万m³が取り扱われ、そのうち直送が約8割の約130万m³という以前では全く考えられなかった状況が出現しています。

　九州地方でも原木市場の規模拡大が進んでいます。その最右翼は伊万里木材市場で、52万1,000m³の取扱量で、市売りはわずか1万7,000m³ということです。ただ、九州全体では直送の比率はそれほど伸びていません。10万m³以上取り扱っている主な業者をあげると、熊本木材（30万m³、直送1万3,000m³）、九州木材市場（20万8,000m³、同1万8,000m³）、ナンブ木材流通（13万m³、同0m³）、日田中央木材市場（17万m³、同1万5,000m³）、都城原木市場（13万7,000m³、同0m³）、都城地区製材業協同組合（15万5,000m³、同6万3,000m³）、宮崎県森林組合連合会（58万5,000m³、同0m³）、宮崎木材市場日向原木市場（17万5,000m³、同0m³）となり、8社で約190万m³の取扱量と大規模化しているのですが、直送化は6％の約10万m³と東北地方と大きく違った状況になっています（写真4−8）。

150

写真4－8　九州でよく見かける原木を運ぶトラック

　この20年間の変化で最も大きいのは、東京を本社とする外材を扱っていた商社などの国産材取扱量が急激に増加していることです。主なものをあげると、伊藤忠建材（15万m^3、同14万9,000m^3）、住友林業フォレストサービス（104万3,000m^3、－）、日本製紙木材（77万5,000m^3、－）、阪和興業（10万m^3、同8万m^3）、物林（53万8,000m^3、同53万8,000m^3）、三井物産フォレスト（10万8,000m^3、－）となっています。

　一方で、製材工場からの出荷先については、原木価格の低迷と四面無節や四方柾目という付加価値の高い丸太の需要の著しい減少を反映して、図4－12にあるように製品市場への出荷が35％から21％へ、大工・工務店への出荷が24％から6％へと大きく低下しており、現物熟覧する製材品のシェアが低下していることを如実に物語っています（写真4－9）。

　また、日本の合板工場の原木調達は、当初は南洋材の丸太を輸入していましたが、産地国側の輸出規制などにより急激に丸太輸入が減少したため、2001年当時はロシアから輸入されるカラマツに転換して国内生産を維持していました。その後、国産材は2000年の14万m^3から

写真4－9　製品市場に並ぶ柾目や無節の国産材製品（2018年、著者撮影）

2016年には388万m^3へと急増し、合板用素材の国産材比率は3％から80％にまで上昇しています。この過程で、素材生産業者自らの直接搬入や、大手木材販売業者からの納入が進み、国産材丸太の直送化が進みました。合板工場は東北地方に多くあり、その国産材使用量は東北地方合計で約200万m^3近いのに対し、九州地方の合板での国産材消費量は約30万m^3と大きく開いており、これが直送化の比率の違いになっていると推察されます（写真4－10）。

　2022年2月下旬、ロシアのウクライナへの軍事侵攻が始まりました。ウクライナは、第2章の図2－2（p.47参照）にあるように、森林蓄積22億m^3（針葉樹蓄積11億m^3）、ha当たり蓄積227m^3と森林資源の豊富な国です。第1章の図1－2（p.19参照）にあるように、針葉樹製材品の生産量は約350万m^3であるのに対し、自国での消費量は約35万m^3で、残りの約300万m^3を超す量が輸出されています。

　中国の2021年の製材品輸入量は、日刊木材新聞によるとウクライナが約93m^3で、ロシア約1,400万m^3、タイ約380万m^3、カナダ約170万m^3、米国約130万m^3に次いで多く、5番目の輸入相手国です。ま

第 4 章 己を知る

写真 4 − 10　合板・LVL 工場へ直送される長さ 2 m の原木（2018 年、著者撮影）

た、もう一方のロシアは、針葉樹製材品生産量が約 4,000 万 m^3、そのうち約 3,000 万 m^3 が輸出されており、世界の木材市場への影響が心配されます。

なお、日本の両国からの 2021 年の製材品輸入量は、ロシアが約 84 万 m^3、ウクライナが約 5 万 m^3 であり、黒海沿岸のルーマニアからも約 14 万 m^3 となっています（いずれも山田事務所の資料）。

6．製品市場の縮小とプレカット工場の台頭

製材工場で生産された製品の出荷先の変化をみると、前出の図 4 − 12 のとおりです。2001 年当時は製品市場への出荷が 35％だったものが 2016 年には 21％へ減少しています。また、木材販売業者へは 38％から 65％へと大幅に増加し、プレカット工場の入荷割合でみると、木材販売業者からは 41％から 63％へ増加するなど、プレカット工場が流通の拠点となるに従って、品質、規格の安定した製材品をまとめて納入する木材販売業者の役割が増してきています。

全日本木材市場連盟の資料によると、製品市場は1975（昭和50）年には年間約850万 m³ の木材を取り扱っていて、その44％の約360万 m³ は外材でした。その後、製品市場の取扱量は漸次減少していき、2018（平成30）年の取扱量は約240万 m³ で国産材が8割を占めています。このように、製品市場の役割は低下してきています。

　プレカットについては、平成29年度の『森林・林業白書』が詳しく分析しています。木造住宅の建築において、従来は大工が現場で継手や仕口を加工していたのですが、昭和50年代に入ると事前に工場で加工を施したプレカット材が開発され、昭和60年代になるとコンピューターを利用して住宅の構造を入力すると部材加工が自動的に行われるCAD/CAMシステムが開発されました。

　このプレカット技術は、住宅建築に関する施工期間の短縮や施工コストの削減等のメリットが大きかったことから急速に普及しました。プレカット材の利用率は、1989年の7％から2016年には92％に上昇し、今や住宅部材のほとんどがプレカット加工となっています（図4－14）。

　販売規模金額別にプレカット工場数をみると、5億円未満の工場が2001年の552工場から2016年には319工場へ減少する一方、5億円以

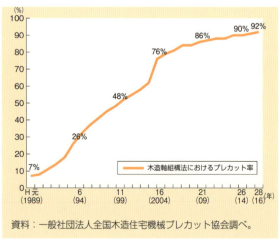

図4－14　木造軸組構法におけるプレカット率の推移

出典：平成29年度『森林・林業白書』

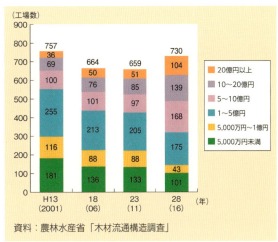

図4-15 販売金額規模別のプレカット工場数の推移
出典：平成29年度『森林・林業白書』

上の工場は205工場から411工場へ倍増し、大規模化してきています（図4-15）。

2017（平成29）年の木造軸組プレカット加工実績調査（日刊木材新聞社、表4-5）によると、上位41社は約640万坪（約2,100万m²）を加工しています。同じく2017年の建築着工統計調査（国土交通省）によると、新設住宅着工約96万戸のうち木造は約55万戸、床面積では約5,000万m²であり、ここから2×4住宅の約900万m²を引くと、在来軸組工法は約4,100m²と推測され、プレカット工場上位41社で在来軸組工法の過半近く（約51％）を加工していることになります。

プレカット工場は、大工の刻み仕事を代替する請負賃加工から、プレカット材を1戸ごとに梱包・販売する業態へ変化してきています。さらに、大規模プレカット工場では、製材工場等に対して使用する木材の品質基準、価格、納材時期等の取引条件を示し、直接取引による資材調達へとシフトしており、住宅用部材の売れ筋はプレカット工場が決めているといっても過言ではありません。

平成29年度の『森林・林業白書』に掲載されている全国工務店協会（JBN）の調査結果によると、木材を選択する際に、施主と設計者が相談して決めると回答した工務店の割合は19％、施工者がプレカット工

表4－5　木造軸組プレカット加工実績調査結果（2017 年）

社名	2017 年加工実績	対前年比（%）
ポラテック	1,285,284	105.0
テクノウッドワークス	650,000	105.9
中国木材	449,000	104.4
江間忠グループ	255,000	111.8
ハイビック	250,700	99.9
宮本工業	190,000	105.6
マツシマ林工	181,054	97.6
原田木材	170,164	118.6
シー・エス・ランバー	157,416	104.8
ワイツテック	151,000	101.4
スカイ	129,000	96.3
山西	122,907	101.1
ナイス	120,000	88.9
かつら木材センター	120,000	－
ナカザワ建販	119,137	124.7
大森木材	118,379	110.2
けせんプレカット事業協同組合	116,345	98.9
柴産業	116,000	－
佐藤木材工業	114,671	95.2
アイダ設計	102,662	101.7
セブン工業	98,849	98.6
タツミ	95,376	121.2
イタヤ	93,000	109.4
大三商行	92,000	98.9
ゼネラルリブテック	92,000	95.8
ヨドプレ	85,000	101.2
福栄	75,345	121.7
マツモト	74,200	97.5
ウッディーコイケ	74,160	94.3
マルダイ	72,546	95.2
長谷川萬治商店	70,000	100.0
材惣木材	64,218	96.5
昭和木材	62,089	104.6
シンホリ	60,078	109.3
サンクレテック	59,500	109.6
ウッドリンク	59,130	98.6
須山木材	54,600	108.5
大日本木材防腐	52,722	102.1
東海プレカット	52,000	89.7
西日本クラフト	48,000	106.7
愛媛プレカット	48,000	77.4

出典：日刊木材新聞社資料を修正

場等の木材調達先と相談して決めると回答した割合は76％となっており、中小の大工・工務店においてもプレカット工場が使用木材を決めるようになってきています。

　2016年のプレカット工場における材料入荷量981万m^{3}のうち、人工乾燥材が481万m^3（49％）、集成材が387万m^3（39％）となっており、今後の住宅用材については、人工乾燥された無垢材や集成材での製造出荷が求められていると言えます。令和2年度の『森林・林業白書』によると、2018年の住宅用材673万m^{3}のうち、人工乾燥材は289万m^3（43％）、集成材は292万m^3（43％）と、住宅着工量が減少する中で集成材は順調にシェアを伸ばしています。

　一方、グリーン材（生材）は、大手のプレカット工場では全く使われていません。15年以上前に大手プレカット工場の関係者から聞いた話ですが、この工場ではほぼ1時間に1棟の割合で住宅部材をプレカットしているそうです。平均的な住宅1棟で、柱は大体100本くらい必要だそうです。1時間（60分×60秒＝3,600秒）に100本ですから、36秒に1本のスピードでプレカットされていることになります。秒単位の加工工程に、グリーン材のようなネジレ、反りなどがある材料が混ざると、その加工ラインが止まり、材料を取り除く時間も必要なので使わないということでした（写真4－11、12）。

　2020年度の戸建住宅完工実績に基づいて日本木造住宅産業協会（以下「木住協」と略）が行った「木造軸組工法住宅における国産材利用の実態調査」によると、住宅供給会社の国産材使用割合（管柱から面材まで）は48.5％で、2008（平成20）年度の32.2％から上昇して過去最高となっています。部位別にみて国産材の使用割合が70％を超えているのは、土台（74.6％）、大引（72.3％）、羽柄材（間柱）（71.9％）で、面材では、床（75.1％）、外壁（70.8％）、屋根（74.2％）となります。

　一方、プレカット会社の国産材使用割合は34.1％で、前回の2017年度調査より若干増加していますが、2011（平成23）年度調査の41.9％を大きく下回っています。国産材の使用割合が50％を超えている部位は、土台（56.7％）、面材では、床（72.5％）、外壁（74.4％）、屋根（70.8

写真4-11 プレカット工場の内部（全国木造住宅機械プレカット協会提供）

写真4-12 木材をプレカットする様子（全国木造住宅機械プレカット協会提供）

第4章　己を知る

％）となっています。このように国産材比率は住宅供給会社とプレカット会社で大きく異なっています。

この差を部位別に見ると、使用量の最も多い横架材は住宅供給会社が9.2％、プレカット会社が9.5％と差が少ないものの、次に使用量が多い管柱は住宅供給会社の49.5％に対してプレカット会社は38.6％と9.9％も少なくなっています。また、羽柄材（間柱）は住宅供給会社の71.9％に対してプレカット会社は24.1％と大きな差が出ています。報告書によるとこの差は、木住協会員の住宅供給会社は調査したプレカット会社が納入している住宅会社より規模が大きい（今回調査した88社のうち上位11社が年間1,000棟以上供給し全供給戸数の76％を占める）ことが考えられるとしています。

さらに、住宅供給会社は、プレカット工場への木材の納入方法について「プレカット工場に一任」している割合が40.2％あるものの、自社プレカット工場やグループ会社のプレカット工場で「商品・使用・品質」をすべて一任している住宅供給会社は5％程度と少なく、住宅供給会社の意思として積極的に国産材の利用を増やしていると考えられるとしています。大手住宅メーカーの国産材志向がこの調査結果からも明らかになっており、国産材関係者にとって安定供給体制を形成するチャンスが来ています。

また、プレカット会社については、住宅会社が材料を指定するのではなく「プレカット工場に一任」の割合が57.5％と高くなっており、これが国産材利用率の差になっていると分析しています。

住宅供給会社とプレカット会社の注文形態を比較すると、住宅供給会社の建売住宅の戸数比率は19.8％であるのに対して、プレカット会社の建売住宅の戸数比率は38.4％とほぼ2倍になっており、建売住宅の比率の多いプレカット会社の国産材比率が低くなっています。

なお、住宅供給会社は、製材、集成材とも前回の調査から比率を減らしており、そのシェアに割り込んできているのがLVLです。住宅供給会社では、羽柄材（間柱）にLVLが2011年度から採用され、2017年度には4.0％だったものが2020年度には39.8％となっており、LVLの

写真4－13　近年竣工したLVLの工場（2019年、著者撮影）

供給が伸びてきています（写真4－13）。

　このほか、国産材、集成材（樹種別）の推移をみると、住宅供給会社、プレカット会社ともに外国産材集成材がそれぞれ46.9％、52.2％と一番多く、次いで国産材製材が20.5％、15.7％、国産材集成材が14.9％、7.8％の順となっています。その中で注目されるのは、住宅供給会社のスギ集成材の推移で、2017年度では7.6％と1.7倍以上増加し、2020年度も9.9％と2.3ポイント増加しています。また、外壁面材に関して、住宅供給会社で第3位の17.5％を占める製材品がプレカット会社ではほとんどゼロということも注目点です。この理由について報告書では、大手住宅会社が外壁面材に製材品を採用しているケースがあることや、住宅会社が施工現場で直接手当てしてプレカット工場を経由せずに外壁面材用の製材品を手当てしているのではとしています。

7．日本国内の木材需要はどうなっていくか

　木住協の2019年度調査報告をもとにして、令和元年度の『森林・林業白書』に図4−16が示されています。1戸当たりの平均木材使用量が部位別に示され、合計23.13m³が使用されていると図解されています。また、構造用合板が81％，土台等が59％，羽柄材（筋かい等）が50％と、この3部位では国産材が過半を占めており、柱材も42％にまで伸びてきています。一方、梁や桁等の横架材の国産材使用割合は10％と低くなっています。横架材でよく使われているのは、ベイマツ（北米産）、レッドウッド（欧州産）で、この部位をスギ、ヒノキなどの国産材に転換していくことが今後の課題です。

　さて、国産材の最大の需要先は、今後も住宅建設だと考えられます。その新設住宅着工戸数は、1973（昭和48）年に過去最高の191万戸を記録し、平成時代の最初の10年間は約150万戸前後、次の10年間は120万戸前後で推移し、リーマン・ショックの影響で2009（平成21）年には78万戸へ急減しましたが、その後100万戸近くまで回復し、2021年は約86万戸となっています（図4−17）。木造住宅についても、

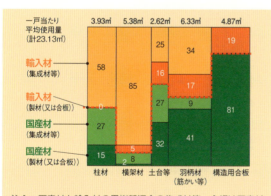

図4−16　木造軸組住宅の部位別木材使用割合
出典：令和元年度『森林・林業白書』

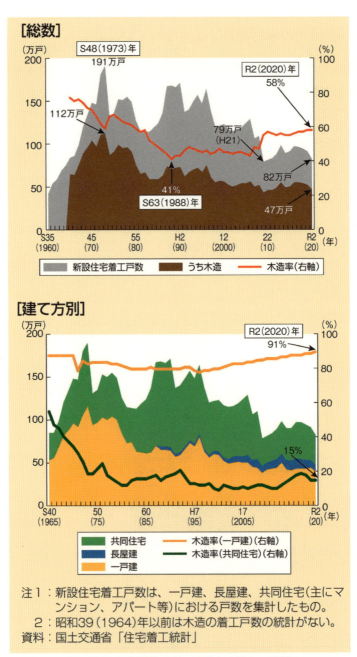

図4-17 新設住宅着工戸数と木造率の推移
出典：令和2年度『森林・林業白書』

第4章　己を知る

表4－6　世帯数及び住宅戸数の推移

		1968 (昭和43) 年	1973 (昭和48) 年	1978 (昭和53) 年	1983 (昭和58) 年	1988 (昭和63) 年	1993 (平成5) 年	1998 (平成10) 年	2003 (平成15) 年	2008 (平成20) 年	2013 (平成25) 年
総世帯数（A）	千世帯	25,320	29,651	32,835	35,197	37,812	41,159	44,360	47,255	49,973	52,453
普通世帯数（B）	千世帯	24,687	29,103	32,434	34,907	37,563	40,934	44,134	47,083	49,805	52,298
住宅総数（C）	千戸	25,591	31,059	35,451	38,607	42,007	45,879	50,246	53,891	57,586	60,629
1世帯当たりの戸数（C／A）	戸	1.01	1.05	1.08	1.10	1.11	1.11	1.13	1.14	1.15	1.16
人の居住する住宅（C－E）	千戸	24,198	28,731	32,189	34,705	37,413	40,773	43,922	46,863	49,598	52,102
持ち家比率（%）	%	60.3	59.2	60.4	62.4	61.3	59.8	60.3	61.2	61.2	61.8
空き家率 空き家（D）	千戸	1,034	1,720	2,679	3,302	3,940	4,476	5,764	6,593	7,568	8,196
D／C（狭義の空き家率）	%	4.0	5.5	7.6	8.6	9.4	9.8	11.5	12.2	13.1	13.5
一時現在者のみの住宅	千戸	186	344	318	447	435	429	394	326	326	243
建築中の住宅	千戸	173	264	264	154	218	201	166	109	93	88
居住世帯なしの住宅（E）	千戸	1,393	2,328	3,262	3,902	4,594	5,106	6,324	7,028	7,988	8,526
E／C（広義の空き家率）	%	5.4	7.5	9.2	10.1	10.9	11.1	12.6	13.0	13.9	14.1

注：1968年は沖縄県を含まない。
出典：国土交通省資料

1973年に112万戸を記録して以降、同様の傾向で推移しています。

　1973年当時、私は学生で恩師である赤井英夫先生の授業を受けていました。その講義の中で、この住宅着工191万戸が取り上げられ、「人口1億人の日本が人口2億人の米国の2倍の住宅着工があるのは異常であり、いずれ住宅着工数は少なくとも半減する。」とお教えいただきました。まさしく現状は半減しています。2016年には、野村総合研究所が2030（令和12）年度の新設住宅着工戸数は54万戸に減少するという、さらに半減する予測を発表しています。赤井教授は、半減する根拠の1つとして、世帯数と住宅戸数の関係をあげていました。日本の住宅総数は、1968（昭和43）年に総世帯数（約2,530万戸）を上回って約2,560万戸となり、その後も表4－6のように総世帯数を上回り続けています。

　その頃、すなわち昭和40年代前後はどのような時代だったかというと、昭和30年代の集団就職列車を思い起こすように、京浜、中京、阪神の3大工業地域を中心に農山村地域から都市地域への人口の大移動が起こっていました。住宅配地のミスマッチが主な原因だと思いますが、1968年にはすでに約100万戸の空き家が日本にはあったのです。空き家はその後も増加を続け、2013年には約850万戸に増加しています。2013年時点の住宅戸数約5,210万戸のうち、築35年を超える住宅は

163

写真4－14 最近の断熱材をたっぷりと使った高断熱・高気密住宅（2020年、著者撮影）

1,369万戸もあります。要は古い家が多くあるということです。

　阪神・淡路大震災が起こった1995年以降の家づくりは、耐震性や気密性・断熱性を求めるものに大きく変わりました。それ以前の家、特に夏の蒸し暑さ対策のためにエアコンが一家に2台以上普及した1990年頃より前の住宅は、現在の住宅とは全く違う住宅だと私は思っています。

　古い住宅も情緒があってよいのですが、いざ住むとなると冬の寒さは尋常ではありません。対策としては、柱や梁の木構造部分を残して、すべてをスケルトンにして新たに断熱材を入れた住宅に抜本的につくり直す必要があります（写真4－14）。リフォーム番組でもよく見かけますが、ほとんど新築と変わらないぐらいの費用と時間がかかります。このような昭和の住宅が今でも多くあり、両親がお亡くなりになった後の処理に困っている方がたくさんいます。

　つまり、今でも住宅の大きなミスマッチが起こっているのです。長い目で見れば、日本の人口の減少とともに新設住宅着工戸数は減少す

第4章　己を知る

るのでしょう。ただ、今後も国産材の需要先としては住宅向けが大きいし、その需要はまだまだ続くと考えられます。先の図4－16に示したように、住宅部材で外材の占める部分はまだ多く、国産材で代替需要を確保することが重要です。また、図4－5（p.134参照）で示したように、非住宅の分野では低層の1階で木造率が約19%、2階で約18%というように木造の拡大余地が大きく、国産材の利用を進めていく必要があります

　さらに、木造住宅の約2割を占める約10万戸の2×4住宅に使われている木材のほとんどが外材で主に北米産の木材です。これを国産材で代替していくことも大きな課題です。

　このように国内にもまだまだ多くの木材需要がありますが、林業・木材産業の国際競争力がついていけば、日本のスギ、ヒノキ、カラマツ、トドマツなどの需要先は世界市場で無限に広がっていくでしょう。

第5章
日本林業の課題と可能性

1．日本林業が乗り越えるべき2つの課題

　日本のスギ約 440 万 ha、ヒノキ約 260 万 ha、カラマツ約 100 万 ha、トドマツ約 70 万 ha という人工林は、世界的にみても魅力的な森林資源です。また、日本の製材や合板などの木材加工産業は、2001（平成13）年から様々な対策を行ってきたことでこの約 20 年間に大きく変化し、規模拡大と効率化が進んで国際競争力をつけてきました（第 4 章参照）。

　一方で、いわゆる川上分野には、2つの大きな課題があります。

　その1つは、素材（丸太）生産の生産性です。図 5 − 1 に示したように、2018（平成 30）年度には約 7 m^3/ 人・日まで上昇してきていますが、まだ世界の主要林業国と比べると生産性は低く、原木流通のあり方を含めて競争力は劣っています。

　もう 1 つの大きな課題は、再造林です。林野庁がまとめている「森林・林業統計要覧」によると、人工造林面積は 2010（平成 22）年の

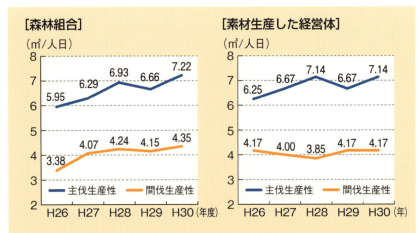

図 5 − 1　林業経営体の生産性
出典：令和 2 年度『森林・林業白書』

２万4,000ha から 2020（令和２）年には３万 3,000ha へ増加しています
が、立木伐採面積も７万 1,000ha から８万 8,000ha に増加しています。

今は、昭和の時代とは違って広葉樹林を伐採してスギやヒノキなどを
植える拡大造林はほとんど行われておらず、立木伐採面積をすべて人工
林の伐採面積と仮定すると、伐採後の再造林率は３〜４割にとどまって
います。これは、持続的な林業ができていないことを意味しており、極
めて大きな問題です。

先人が植林した人工林を伐採・利用して確実に再造林を行うというサ
イクルが確立されていないのです。これでは、世界の主要林業国と競争
することはできません。

２．現場から見た日本林業の実力

（１）人工林の大部分は大規模施業と機械化に対応できる

私は、2009（平成21）年８月末に林野庁を退職しました。翌９月に、
日本の政権は長年続いた自由民主党から、「コンクリートから人へ」を
掲げた民主党に代わりました。林政の分野でも、林道から林業専用道へ
の変更や、ドイツ林業をお手本とする様々な対策が議論され，「コンク
リート社会から木の社会へ」をスローガンとする「森林・林業再生プラ
ン」が 2009 年 12 月に作成されました。

この森林・林業再生プランについて、私はある専門誌に次のように寄
稿しました。

「この再生プランの問題認識として、日本林業再生の主要課題が、施
業集約化、路網整備、フォレスターの育成という川上中心だとすると、
日本林業再生の見通しは暗い。市場経済と離れて、大量に間伐材が出回
ると、木材価格は暴落するだけで、木材の売り先を考え、開拓しつつ進
めていくよう政策レベルでも現場レベルでも意識改革とその取り組みが
必要である。川下の木材産業は市場が必要とする商品をつくり、その材
料として国産材が選んでもらえるような取り組みを川上の林業がするこ
とが基本である。川下分野では商品の規格・品質・性能の向上が求めら

れる基本的な流れは不変と考えるが、既存概念にとらわれず、将来の木材製品の動向を見通し、中国など世界市場での競争を視野に入れて、木材産業界自身が木材産業の体質・体力を作っていくことである。そのことが、川上である森林所有者への利益の還元になり、資源の循環利用で、林業が本当の意味で、再生されることになると考える。」

　もちろん施業の集約化は重要なことですが、日本の人工林の成立過程を顧みればわかるように、人工林の団地はそれなりに大きいのです。私は小学生の頃、親に連れられて五木村で行われていた100ha規模の拡大造林の現場をよく歩きました。まだ木馬という木のソリや野猿という無動力の滑車を利用した索道が残っていましたが、動力を持つ集材機が一般的になってきており、2,000mのワイヤーを張って出材をしていました。

　また、パルプ用材を出していた天然林の伐採では、林道端までは大掛かりな架線を張って出材しており、その面積は大きいものでした。里山の農用林の跡地で行われた造林地を除くと、日本の人工林の大部分は現在の作業道を入れた機械化林業に対応できる面積を有しています。

　集約化の必要性を説明するのによく使われる資料が図5－2です。上段の所有面積1～5haの林家が74％を占めていることを根拠にしてい

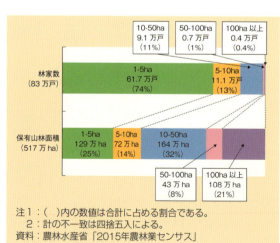

図5－2　林家の数と保有山林面積
出典：令和2年度『森林・林業白書』

ます。しかし、1〜5haの林家の総所有面積は総面積の4分の1しか
ありません。総面積の6割は10ha以上の林家が保有しており、その平
均面積は31haです。

　森林・林業再生プランでは、ha当たり路網密度を上げるため、林道
（車道幅員3〜4mの側溝あり）から林業専用道（車道幅員3mで側溝
なし）へ支援の重心を移し、森林作業道の大幅拡充で延長を確保する政
策転換が図られました。確かに路網密度を上げることは重要ですが、幅
の狭い道を延々とつくっても素材生産の作業効率は大幅には向上しませ
ん。基幹的な林道をある程度確保していく必要があります。ところが、
民有林林道の新設延長は、2008（平成20）年の357kmが2019（令和
1）年には162kmへと激減しており、この点も日本林業にとって厳し
い結果になっています。

　森林・林業再生プランでは、フォレスター、すなわち林業技術者の育
成にも力を入れました。ただ、国・公有林や製紙会社などの大手林業会
社には、大学や高校で林業を専攻した学生がすでに多く就職していま
す。これらの林業の見本になる集団でも、林業経営で採算を合わせるの
は難しく、十分な成果が上がっていません。この事実は、何を意味して
いるのでしょうか。

（2）なかなか上昇しない林内路網密度

　それでは、これから素材生産や再造林の生産性を高める上で前提とな
る林道・作業道の現状を見ていきましょう。

　北米や欧州などの比較的平らな地形とは違い、日本では北海道を除く
と急峻な地形で林業を行っているため、世界的な競争力が劣るとされて
います。令和2年度の『森林・林業白書』によると、欧州の中でも比較
的地形が急峻なオーストリアと比較しても、木材加工場までの生産・流
通（伐採・搬出・運搬）コストが高くなっています（図5-3）。

　日本の林内路網密度（公道等を含めたもの）は、2009年から上昇し
て2019年度末では23.0m/haになっています（図5-4）。しかし、
1990年代に約89m/haを整備していたオーストリアの後塵を拝してい

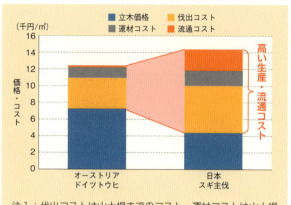

図5-3 丸太価格にかかるコスト比較
出典：令和2年度『森林・林業白書』

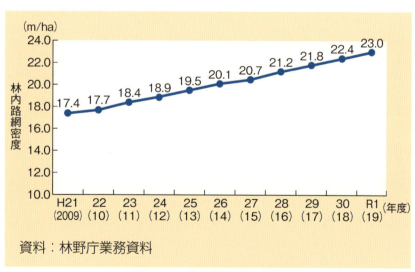

図5-4 林内路網密度の推移
出典：令和2年度『森林・林業白書』

第5章　日本林業の課題と可能性

表5－1　民有林の傾斜別面積割合

区　分	森林全体	人工林	天然林	無立木地帯	国土全体
15度未満	23(%)	22(%)	22(%)	33(%)	53(%)
30度未満	61	52	51	45	39
30度以上	16	26	27	22	8

出典：これからの林業と森林整備技術（小林洋司編著、日本林業技士会発行）

表5－2　路網整備の目標とする水準

区分	作業システム	路網密度
緩傾斜地(0°〜15°)	車両系作業システム	100m/ha以上
中傾斜地(15°〜30°)	車両系作業システム	75m/ha以上
	架線系作業システム	25m/ha以上
急傾斜地(30°〜35°)	車両系作業システム	60m/ha以上
	架線系作業システム	15m/ha以上
急峻地(35°〜　　)	架線系作業システム	5m/ha以上

資料：「全国森林計画」（平成28（2016）年5月）

出典：平成28年度『森林・林業白書』

ることは明らかです。

　日本林業技士会発行の『これからの林業と森林整備技術』には、民有林の人工林の傾斜地別面積分布が示されており、15°以上が78%、（30°以上が26%）と、多くは傾斜地にあることがわかります（表5－1）。

　平成28年度の『森林・林業白書』には、路網整備の目標とする水準が掲載されており（表5－2）、先駆的な取り組みで生産性を高める事例も出てきていますが、全国的にはなかなか作業効率は上がってきていないのが現状です。

　現在進められている路網整備は、一般車両の走行を想定した幹線・支線等の「林道」、主として森林施業に使用する林道で10 tトラックの走行を想定した「林業専用道」、そしてフォワーダ等の林業機械の走行を想定した「森林作業道」の3つを組み合わせています。2019年度には、

写真5−1　林道と森林作業道（2010年、著者撮影）

写真5−2　丸太組工法でつくられた森林作業道（2015年、所有山林で著者撮影）

第 5 章　日本林業の課題と可能性

写真 5 − 3　昔の伐採・搬出風景Ⅰ（2008 年の北海道森林管理局時代の資料、出典不詳）

写真 5 − 4　昔の木材搬出風景Ⅱ（2008 年の北海道森林管理局時代の資料、出典不詳）

全国で林道、林業専用道に加えて木材輸送トラックが走行する作業道を含めて557km、森林作業道は1万4,125kmが開設されていると令和2年度の『森林・林業白書』に記述されています。しかし、約10年間に集中的に整備が実施されても林内路網密度は5.6m/haしか上昇してきておらず、どうやって路網整備を加速化させるかが大きな課題になっています（写真5－1、2）。

（3）日本らしい林道と林業機械化の必要性

　林道とは、林産物の搬出施設で、開設された歴史は明治時代にさかのぼると言われます。そもそも日本は地形が急峻で降雨量が多いことから、重量物で浮揚力のある木材の輸送手段としては流送が奈良・平安の昔から不動の地位を占めていました。水力発電用のダム等の建設で木材輸送の陸送化が進んだのですが、流送は陸送に比べて割安であったことから、秋田米代川の筏流しが最後となる1964（昭和39）年まで続きました。流送路までの小運搬には、東北地方では雪樏（そり）、木曽地方では桟手（さで）が、ほかにも修羅、木馬などが使われていたそうです。明治時代の木材搬出は、主流である水面輸送として管流し、筏流しが行われ、陸上では牛馬車（4輪または2輪車）や木馬や樏に加え、1909（明治42）年に初めて津軽森林鉄道が走り、空中輸送としての鉄策を使った索道による方法が出てきました。

　林道は、大正時代後期からの自動車の普及により、牛馬道や車道から自動車道へとその構造、規格を高めていきましたが、長い間、森林鉄道や自動車道といった近代的な搬出方法と流送路という昔ながらの搬出方法とが併存していました（写真5－3、4）。

　戦後、1947（昭和22）年当時の林道は、その過半を牛馬道が占めていましたが、林道を単に林産物の搬出施設であるとした古い概念から、林業経営上必要不可欠な施設であるのみならず広く国土の高度利用（土地保全、水源涵養など）上からも有用な施設であるという認識に変わり、1951（昭和26）年の森林法の改正で、林道とは公道的な性格をもった産業奨励的施設と位置づけられました。一方、戦後の木材需要が増大する

中で、里山など既開発林の過度な利用が大水害を起こしたことから、奥地未開発林の利用のために林道開設を促す動きが出るとともに、災害対策に関連して「土修羅の制限又は禁止」「鉄索の活用」「流送の陸路転換」が議論されました。

　日本の林道は、ヨーロッパと違って沢筋にあります。沢沿いの林道は水害を受けやすいし、フォワーダなどの機械作業にも不適であり、効率の悪い道づくりを続けているとの指摘があります。その答えのヒントになるものを日本林道協会発行の『林道事業50年の歴史』から拾い上げると、当時の奈良県農林部林道課長は、「筏流しがトラックによる陸送にきりかえられても、土場まではあくまで木馬でした。森林内の自動車道も本格的に進められていたが、昭和34年の災害復旧に緊急復旧路線として相当数の木馬道があって」と書いています。すなわち、日本の木材輸送は、急峻な地形と膨大な降雨量を利用して、鉄砲水を人工的につくり出し、一定の川幅で筏などにして下流へ運ぶ河川を使った管流し、筏流しでした。流送からトラック輸送に切り替えられても、トラック土場までの輸送は従来からの木馬や修羅との組み合わせであったために林道は河川沿いに設置されたというのが実情のようです。当時の悩みを、和歌山県の森林土木技師は、「この時代の木材搬出体系はこんな形なものですから、峰越えや山の山腹を縦走するような林道は到底認められず、渓流に沿った谷に突込んだ行き詰まりな道路ばかりで、非能率なことこの上なく、また水害には一番弱い道」と、そして高知県の森林土木課長は、「工事技術にも次々と新しい試みが行われた。その一つは位置および線形が従来谷筋の突込み線形で袋道であったのが、集材機の発達と相次ぐ災害の発生に中腹林道が考えられ、さらに発展して峰越林道が国により制度化された。」と書いているように、集材技術の発達を契機に徐々に日本の地形に適応した林道線形が模索され、今日の路網になっているのです。日本の林業は、こうした路網を使って効率の良い作業システムを構築する必要があります。

　林野庁退職後の2010年に、ドイツの路網整備など見る機会がありました。箱根のような街並みと曲がりくねった道を進み、有名な「黒い

写真5−5　ドイツの森林作業道（2010年5月、著者撮影）

写真5−6　ドイツとあまり変わらない森林作業道（2011年、所有山林で著者撮影）

森」の一画にある所有山林100haの専業林家を訪ねました。18歳の時につくったという道や、500mの新しい道を見せていただきました。ドイツの路網も日本の路網も、地形、地質の違いはあってもほとんど変わりないものでした。大きな違いがあるとすれば、道幅です。ドイツをはじめ欧州や北米の林道・作業道は、日本より道幅が広くなっています（写真5−5、6）。

　この視察の後、北海道に導入された大型の林業機械をつくっている会社を訪ね、車輪幅2.4mのものを日本の林道・作業道の規格に合わせて2mにできないかとお願いしましたが、反応はゼロでした。この頃から乗用走行できる欧州の大型林業機械が日本にも導入されるようになりましたが、日本の林業専用道は3mの幅員なので設計車両（2.5m）に対して余裕幅が0.5mしかなく、原則として側溝を設けないので山側に

第 5 章　日本林業の課題と可能性

写真 5 − 7　ドイツの林道と大型林業機械（2010年、著者撮影）

写真 5 − 8　スイスの林道（2010年、著者撮影）

走行上のゆとりがなく、なかなか欧州並みの活躍の場はないようです。日本の道幅に対応した林業機械や素材生産システムの開発が必要です（写真 5 − 7、8 ）。

（4）道づくりの実際

　私は学生時代、家業である林業の手伝いとして道づくりを行いました。地域の篤林家の方が 12 t のブルドーザーを購入して、所有山林の入り口まで 7km の道のりを自力で開設したことがきっかけです。1986（昭和 61）年に発行された雑誌『山林』によると、総延長 100km で路網密度は ha 当たり 100m とされています。当時は道づくりが極めて盛んで、「1 ドル林道をつくろう」が合言葉でした。1 ドル = 360 円でしたので、1m を 360 円でつくるということです。

　我が家の山林は、50 近くの団地に分散していました。それぞれの団

179

写真5−9　学生時代につくった作業道の一部（2021年、著者撮影）

地までの道は、歩道以外ほとんど通じていなかったので、昭和40年代から少しずつ作業道の開設に努めました。その際はコストの低減に努め、ブルドーザーをチャーターして行いました。1994（平成6）年には開設総延長が1万5,000mになったとの記録があります。

　路線形の選定は私の仕事で、ハンドレベルを持って、路線形を決めていきました。硬い岩にぶち当たるとダイナマイトを使って発破をかける業者に頼むことになり、経費が大きく嵩むので、なるべく発破の必要のない路線形を選ぶのがひと苦労でした。一度だけやむを得ず発破を使わざるを得ない路線になり、道を通そうにも上下に逃げられず仕方なく発破をかけたことを思い出します。また、隣の山林所有者から道を通す許可がもらえず、入り口部分だけ100mくらいコンクリート舗装せざるを得なかったところもありました。

　いずれにしても、昭和40年代の日本林業は、自動車の普及とともに、いかに自分の山林までトラック道を入れるかが命題になっていました。私

の作業道づくりのお手本は、宮崎大学の田野演習林で青木信三教授がつくった高密路網です。この高密路網は、当時の架線を使った丸太の引き上げ集材技術を取り入れたもので、尾根筋に道をつけました(写真5-9)。

　私は、1978(昭和53)年に林野庁初の市町村出向者として、岩手県の住田町役場で勤務しました。ここでも道づくりが1つの命題でした。ブルドーザーが追いかけてくる前にハンドレベルを持って路線形を決めていく作業に携わりました。自分の山で作業した経験がとても役立ちました。私のマーキングする後を、伐採班の作業員が続き、すぐ後ろでブルドーザーがうなり声をあげていました。航空写真を立体視して机上で路線形を想定し、事前に何度も現地を踏査し、ヘアピンの位置を念頭に入れながら路線を決めました。住田町の資料によると、1979(昭和54)年に開設した道のうち、少なくとも3,845mは私がハンドレベル1つで路線設計したものです。当時は、ブルドーザーの排土板で地山を削り出して作業道をつくっていました。

　その後、2006(平成18)年に九州森林管理局長として宮崎県西都市

写真5-10　奈良県の岡橋さんの山林で整備されている作業道
　　　　　(2010年7月、著者撮影)

181

で見た通称「四万十方式」といわれる田邊由喜男さんのユンボによる道づくりは画期的なものでした。田邊さんがユンボのアームを人の手のように自在に動かし、土の塊をブロック積みのようにして土羽をつくり、尾根を使ってS字カーブを描きながらつくる道には感動しました。このような技術革新が日本林業を再生していくと確信したものです。

　ドイツの視察に同行した奈良県吉野の岡橋清元さんの道づくりも大いに参考になりました（写真5－10）。100年生以上のスギが林立する林に2.5m幅の岡橋式と呼ばれる作業道が高密に整備され、車輪幅1.9mの2tトラックが木材を搬出していきます。ここにも日本林業のあるべき姿の1つがあります。この岡橋清元さんや大橋慶三郎さんのつくる作業道については、全国林業改良普及協会から参考書籍が出版されています。

　ドイツの視察で考えさせられたのは、立木の大きさの違いによる生産性の違いです。ドイツの100年生の立木は、道幅の広い林道・作業道と大型の林業機械との組み合わせによって林内作業の効率性を上げていました。日本の立木も100年生になりますが、道幅を大きくすることは不可能です。道幅に合わせた様々な工夫と努力が必要です。岡橋さんの工夫もその1つですが、並材の丸太では採算性の面からこうはいきません。路網と機械化はセットであり、日本の現地に合わせた素材搬出方法の組み立てが必要です。

3．素材生産のあり方を見直す

（1）林業機械化の変遷

　日本の集材技術は、戦後のエンジン付きの集材機の普及によって飛躍的に発展しました。素材生産業を営んでいた熊本県人吉市の故泉忠義さんは、この分野での私のお師匠さんです。泉さんは愛媛県の生まれで、昭和20年代の終わりに宮崎県にある大手企業の山林での搬出作業を任されて九州に入り、昭和30年代の初めには人吉・球磨地域の森林で集材機を使った搬出作業を始めました。その頃、集材機による搬出技術を

持っていれば、立木価格も上昇していたので面白いように儲かったそうです。特に、誰も搬出できない奥山の大径木を引き出したときの喜びは一入だったそうです。

伐倒作業は、チェーンソーの普及によって飛躍的に発展しました。私が学生だった昭和40年代後半には、チェーンソーによる伐倒と索張りした集材機での搬出が定着しており、エンドレスタイラー方式の上げ荷集材に対応した道づくりの研修が盛んに行われていました。しかし、1980（昭和55）年をピークに立木価格や丸太価格が下落していく時代に入ると、素材生産の生産性向上よりも木材価格下落のスピードが速くなり、冬の時代が長く続きました。

書籍『総合年表　日本の森と木と人の歴史』（日本林業調査会編、1997年発行）によると、戦後の林業機械化は次のように推移してきました。

○昭和22年　国有林でのチェーンソーの使用が始まる。

○昭和23年　富士産業が初の国産チェーンソーC-12型を製作

○昭和24年　岩手富士産業が自動変速装置をもつY-12集材機を製作／集材機による集材作業が全国的に隆盛期に入る。林業機械化協会設立、『林業機械化情報』を創刊

○昭和26年　国有林がスイスからウイッセン集材機を輸入

○昭和28年　この頃から国有林にマッカラー、ホームライトの米国産チェーンソーが入り出す。

○昭和31年　岩手富士産業が初の国産林業用トラクタCT-25型を発表／この頃、民有林への機械化浸透の上からも集材機の一層の小型化が強調され、林業機械メーカーによる小型トラクタによる集材実験も行われた。

○昭和33年　岩手富士産業が木寄せ作業専用の小型集材機Y-27Aを製作

○昭和35年　沼田営林署に林業機械技術センターを設置

○昭和38年　共立農機が新たにチェーンソーを発売（国産チェーンソーは富士重工と2機種に）／ホームライトチェーンソ

写真5－11　1966（昭和41）年に購入されたウインチ付き集材用トラクタT-30（2010年頃、著者撮影）

ーなどチェーンソーの軽量化が目立つようになる。

○昭和41年　1965年度末（昭和41年3月末）の民有林のチェーンソー台数5万1,000台と発表
○昭和42年　岩手富士産業がホイールトラクタT30、T50型を試作（写真5－11）
○昭和44年　森藤機械，MSNO-34大型4胴集材機（エアブレーキ式）を製作／和光貿易、超軽量（4kg以下）チェーンソーを発売／岩手富士産業、リモコン集材機Y-23ER、油圧式伐倒機T50ツリーシェアーを製作
○昭和45年　スウェーデンよりスンズプロセッシングマシンを輸入、沼田営林署で実験／国有林、電動チェーンソーの試験を実施、チェーンソーの特殊防振装置が製作される（振動障害対策）。
○昭和47年　林野庁の委託によりリモコントラクタを岩手富士産業

が製作

○昭和 49 年　岩手富士産業が小型林内作業車 T-20 を製作／ヤンマーディーゼル、ロータリーチェーンソー RH57 発売／共立エコーが振動 1 G 以下の下刈機を発表

○昭和 50 年　高知営林局、リモコンチェーンソーの試作品完成／カナダ製フェラーバンチャーの実験を沼田営林署で実施

○昭和 51 年　全林野労組、「白ろう病闘争」として抜本的対策を求める方針を決定

　なお、ガソリンエンジン付きチェーンソーがアメリカに出現したのは 1900（明治 33）年とされており、1921（大正 10）年には国有林がスウェーデンとアメリカからチェーンソーを導入して試験的に使用しました。当時のチェーンソーは、動力部が 38kg 余、鋸部が 19 ～ 37kg という重さで、「鋸を立木に圧着支持するのに 2 人、発動機の運転に 2 人、計 4 人を要する。20 分使用して 1 時間休ませなければ再び使用できない。」と報告されています。それから半世紀経った昭和 20 年代になって日本でも本格的にチェーンソーを使用する時代を迎えました。

　集材機については、1920（大正 9）年に木曽御料林にリジャウッド集材機が導入されたことや、綱島式集材機（27.5 t、5 ドラム、蒸気機関）が製作されたこと、1930（昭和 5）年に国産初のガソリンエンジン集材機、木曽型集材機が製作されたとの記録があります。1935（昭和 10）年には木曽式二胴集材機によって 2 段集材方式が始まり、林業先進地域の一部では集材機の活用が戦前から行われていました。

（2）高性能林業機械化の現実

　前出の『総合年表　日本の森と木と人の歴史』によると、1970（昭和 45）年に導入されたスウェーデン製のプロセッサは、高性能林業機械導入の先駆けでしたが、事業量や労使の関係から実用化には至らなかったようです。

　1985（昭和 60）年には北海道の民有林にフィンランド製のハーベスタ（ロコモ）が導入され、これが本格的な高性能林業機械導入の始まりと

されています。高性能林業機械と私の出会いは、1988（昭和63）年に栃木県の倭文林業がオーストリア・スタイヤー社製のクレーンプロセッサを導入したことです。伐採現場に行き、プロセッサを直に使わせいただいた時の感動は今でも忘れません。東京に戻って、林野庁の担当課長などと積極的な導入について議論しました。その後、1989（平成1）年に振動障害に関する裁判資料を作成するためにスウェーデンに行き、日本は林業機械化で大きく遅れをとっていることを痛感しました（第3章、p.85参照）。

　私は、1995（平成7）年に大分県庁に出向しました。大分県では、1991（平成3）年9月に到来した大型台風によって大量の風倒木被害（約2万haの倒伏、折損等）が発生していました。その9割以上はスギの壮齢林で、被害面積は人工林の2割以上に及んでいました。風倒木の処理作業は、全国の国有林や自衛隊の応援を得て行われましたが、ここで活躍したのがハーベスタ、プロセッサ、タワーヤーダなど乗用型の高性能林業機械でした。これが先駆けとなって、高性能林業機械が民間の事業体にも急速に普及しました。

　大分県は、1991年に団体を設立して高性能林業機械の貸し付けも始めました。1996（平成8）年度までに51台の高性能林業機械をその団体に導入し、1992（平成4）年から1996年までに高性能林業機械のオペレーターを130人育成し、森林組合等の職員として雇用しました。1996年3月末時点では、110台の高性能林業機械が大分県で稼働していました。昭和30年代に洞爺丸台風の風倒木処理でチェーンソーが急速に普及したような状況だったのです。

　大分県では、労働生産性を1989年の2.2m³/人・日から4〜6m³/人・日に引き上げることを目指していました。ハーベスタ＋フォワーダ、チェーンソー＋クレーン付きウインチ＋プロセッサなどのシステムの生産性は1995年で6.1m³/人・日を達成するなど一定の成果もあげました。ただ、県下全体での生産性は2.9m³/人・日までしか上昇しませんでした。

　高性能林業機械の導入による林業作業の効率化は、必ずしも順風満帆

第5章　日本林業の課題と可能性

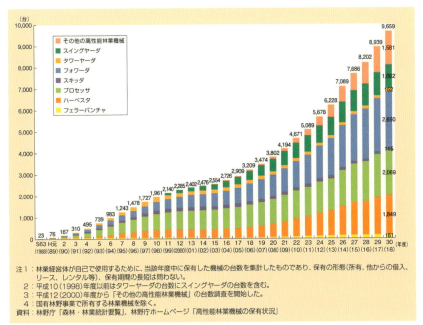

図5-5　高性能林業機械の保有台数の推移
出典：令和元年度『森林・林業白書』

というわけではありません。機械稼働率のバラツキや新システムを導入できる森林が限られていることなどに加え、風倒木災害の復旧事業がピークを過ぎて、高性能林業機械の稼働状況が低調になりました。特に、タワーヤーダは倉庫に眠っているものも多くなっています。

全国の高性能林業機械の保有台数は、1991年度末の310台から1995年度末の1,243台へと飛躍的に伸びています（図5-5）。大分県は、1995年度末時点で全国の高性能林業機械の12分の1を保有しています。ただ、その実情には厳しいものがあることも事実です。

（3）九州森林管理局での実践

私は、2006年1月に九州森林管理局長を拝命し、現場での林業再生に取り組みました。重視したのは、価値を重視する定性間伐からコストがかからない列状間伐にシフトし、従来の架線系集材システムから高性

187

図5-6　九州森林管理局時代の低コスト生産目標

能林業機械と壊れにくい路網を使った低コスト集材システムに移行することでした。当時の資料が図5-6です。収穫調査から契約まで8項目の低コスト化を目指しました。

　生産仕組みの低コスト化では、集材機集材のコスト1万2,500円/m³を、低コスト路網＋高性能林業機械で9,000円/m³へ3割カットすることを目標にしました。当時、間伐の集材コストは1万2,500円/m³でした。着任して、集材機集材の事業体には国有林の事業は発注しないという方針を出したら、大きな抵抗を受けました。それくらい低コスト作業道と乗用機械の組み合わせで集材作業を行える事業体は少なかったのです。今では九州のどこに行っても、写真5-12のような光景を目にすることができます。

　さて、この頃は、生産コストを低減させるために丸太を木材加工工場へ直送する「安定供給システム販売」を行っており、2006年度にはこの販売量を約8万m³に急増させ、林業は儲からないという状況からの脱却を目指しました。

　その1つが「直・曲がり込みシステム販売」です。簡単に言うと、山元で元玉から単純に4mですべて採材し、その丸太を市場や製材工場の自動選別機まで運び、そこで検収して直材と曲がり材に仕分けをして、

第5章　日本林業の課題と可能性

写真 5 – 12　乗用型の林業機械での集材跡地（2022年、著者撮影）

直材は製材工場に、曲がり材は合板工場や集成材工場に運ぶという試みです。このシステムにより、山元での採材作業がスピードアップし、選別・仕分け、検収などの簡素化が図れます。このようにして高コスト作業を合理化することで、一定の収益が得られることを実践しました。

　当時の最大の思い出は、誰も出せない、売れないと言われていた屋久島の人工林からの島外出荷です。局長に着任すると、屋久島にある約1万1,000haの人工林が間伐適期になっているのに島内需要は小さく、いかに活用するかという課題が持ち上がっていました。私の結論は、「船で島外に出荷する」でした。陸続きの人工林材の出荷も難しい時代に、船を使った島外出荷は不可能だと周りの皆さんに言われました。しかし、十分に採算がとれると試算し、水俣市にある合板工場と「安定供給システム協定」を結び、2006年10月に第1船として400m^3（写真5－13）を，続いて2007（平成19）年1月には400m^3、合計800m^{3}を船で運び出しました。

189

写真5−13　屋久島の人工林スギを島外出荷する第1船の船上にて（2006年10月）

山元	安房貯木土場	船輸送	新栄合板
間伐面積　18.3ha 収穫量　　1,812m³ 生産量　　700m³（見込み） 生産経費　907万円 　　　　（12,959円/m³） ※土場までの輸送費込み	土場渡し　6,200円/m³	輸送費　4,300円/m³ ＊一船　400m³積み 荷積み、荷下ろし、保険料込み	丸太価格　10,500円/m³ ＊工場着価格 スギ丸太　4.25m×16cm上 矢高10cmまで

船への積み込み

積み込まれたスギ人工林間伐材

スギ人工林間伐材島外出荷記念式典

図5−7　屋久島からの島外出荷の経費内訳

　このときの経費や収益は、図5−7のようになります。一番難しいとされていた屋久島からの島外出荷が実現しました。その後、加工工場が島内に整備されて国有林材はそちらに出荷しているそうですが、

第 5 章　日本林業の課題と可能性

写真 5 − 14　屋久島の縄文杉
（2006 年 7 月、著者撮影）

民有林のスギは今でも島外出荷が続いていると聞いています。工夫次第で、日本の人工林は利用できることを林業関係者に考えていただくきっかけになったと思っています。出荷した人工林のスギは、縄文杉（写真 5 − 14）と同じ系統のヤクスギです。屋久島には宮崎のオビスギも植えられていますが、オビスギは気根が幹に多くできており、ヤクスギと比べて成長も著しく悪く、適地適木の重要性を考えさせられました。

（4）北海道森林管理局での実践

　私は、2007 年 4 月に北海道森林管理局に赴任しました。北海道と九州の人工林面積はほぼ同じ約 150 万 ha ですが、国有林の割合は九州の 19％に対して北海道は 45％で、北海道における国有林の林業再生に関する責任の大きさを感じました。この頃、九州と北海道を比較してつくったのが図 5 − 8 です。2002（平成 14）年のデータですが、林齢別

191

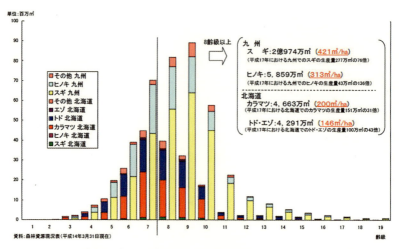

図5-8　北海道と九州の齢級別人工林蓄積比較（2002年3月31日現在）

の蓄積の違いを示しています。一目瞭然ですが、北海道の方が成長が遅く、植林の時期も洞爺丸台風の影響でしょうか少し遅れています。ha当たりの蓄積では、九州のスギが421m^3、ヒノキが313m^{3}であるのに

表5-3　今後の北海道国有林の採算性の向上（山田試案）

区分			平成19年度(a)	平成20年度	近い将来目標(b)	コスト差(a−b)
資源量	立木販売等	人工林	64万m3	48万m3		
		天然林	8万m3	5万m3		
		計	72万m3	53万m3		
	製品販売	人工林	46万m3	56万m3		
		天然林	13万m3	7万m3		
		計	59万m3	63万m3		
	計	人工林	110万m3	104万m3	約120万m3	
		天然林	21万m3	12万m3	約10万m3	
		計	131万m3	116万m3	約130万m3	
収穫調査（人工林）			・1回目の間伐は列状間伐が中心 ・2回目以降は定性間伐が中心	・2回目以降の列状間伐を推進 ・収穫調査の簡素化	・オペレータによる選木が理想	
素材生産（間伐）	システム		チェーンソー → ブル → プロセッサ	高性能作業システム（ハーベスタ → フォワーダー）	ハーベスタ → フォワーダー → 巻立無し（システム販売により工場直送）	約4,500円／m3
	生産性		8m3／人・日（アンケート結果より）	17m3／人・日以上（道目標より）		
	コスト		9,299円／m3	6,221円／m3（実績）	(5,000円／m3以下、3,000円／m3目標)	
巻立て	システム		グラップル（プロセッサ）	グラップル（プロセッサ）	巻立無し	168円／m3
	生産性		107m3／台／日（実績）	107m3／台／日（実績）		
	コスト		168円／m3（実績）	168円／m3（実績）		
検知	システム		山元検知	山元検知	自動選別機	984円／m3
	生産性		500m3／日（2人：実績）	500m3／日（2人：実績）	800m3／日（カタログより推定）	
	コスト		1,090円／m3（実績）	1,090円／m3（実績）	106円／m3（推定）	
輸送	システム		12t車	12t車	25t車以上・トレーラー	1,032円／m3
	生産性		14.4m3／台（実績）	14.4m3／台（実績）	30m3／台（アンケート結果より）	
	コスト		1,984円／m3（20kmまで：実績）	1,984円／m3（20kmまで：実績）	952円／m3（評定より推定）	
木材加工	システム		平均原木消費量　3万m3／年		平均原木消費量10〜20万m3／年	約4,000円／m3
	コスト		7,000円／m3（木材産業基本方針）		3,400円／m3　目標3,000円／台／年	
	留意事項		システム販売　4万m3／年	システム販売　10万m3／年	システム販売　15〜20万m3／年	
その他検討事項			・採材はトドマツ一般材の98％が3.65m	・3m、4mの採材で汎用性を高める ・低コスト路網の整備 ・収穫調査規程の改正（品等区分等の廃止）	・長尺材で工場に運びスキャナーにかけて採材	計約1万円／m3

192

写真5−15　ブルドーザーによる全幹集材（2007年、著者撮影）

対し、北海道はカラマツが200m^3、トドマツが146m^{3}となっています。それでも生産量は、九州のスギが277万m^3、ヒノキが43万m^{3}であるのに対し、北海道はカラマツが200万m^3、エゾ・トドマツが100万m^{3}と、ほぼ同じ約300万m^{3}が生産されていました。2007年時点で北海道のカラマツの中丸太には1万円以下の売値しかつかず、九州のスギの小丸太の価格よりも安い状態にあり、私は、世界一安い丸太が北海道産カラマツだと言っていました。

　北海道時代につくったのが表5−3です。2007年の現状をどう変化させるか、将来展望を考えたものです。素材生産システムで言うと、チェーンソー伐倒＋ブルドーザー集材＋プロセッサによる採材で2007年度の実績が9,299円/m^{3}だったものを、2008年度にはハーベスタ＋フォワーダによる6,221円/m^{3}という低コストシステムを積極的に導入し、将来的には山元での巻立てや検知を省略して生産コストを低減していくことを提案しました（写真5−15、16、17、18）。

写真5-16　チェーンソーによる採材（2007年、著者撮影）

写真5-17　ハーベスタによる伐倒、採材後の林内（2007年、著者撮影）

写真 5 − 18　フォワーダによる集材（2007 年、著者撮影）

　当時、カラマツ丸太は売れ残らないようにと細かく造材、玉切りし、3.65m が 39 ％、2.2m が 24 ％、 4 m が 13 ％など 1.9 〜 4 m までの 11 種類の長さに採材した後、山元土場に長さごとに巻き立てて、入札により販売していました。これを積極的に 4 m の採材にすることで、山元作業の簡素化に取り組み、 4 m 材としてロシア材の代替や本州向けの合板用の用途を模索しました。このときチャレンジしたことの 1 つが 12m 採材です。山元で 12m に採材し中間土場に降ろして、より短い適材に採材する取り組みも行いました。しかし、これは大失敗に終わりました。というのも、曲がりが大きいものは端材やタンコロが多く出たのですが、中間土場からの利用先を見つけるこがができなかったのです。今なら木質バイオマス発電用の用途もあるので、このような長尺の採材も取り組めるでしょう。

　検収についても、山元土場での結果を、製材工場の自動選別機で再検知したのですが、私は人手による検知の正確性は甚だ怪しいと考えてお

り、コスト面だけでなく正確性からも将来は自動選別機での機械検知がベストという結論に至りました。

（5）素材生産の作業区分別コスト分析

　表5－4と表5－5は、大分県庁時代に森林・林業・木材産業が直面する根本原因は何かを議論したときの資料です。1989年度と1998（平成10）年度の主伐にかかった作業区分別の経費を日田市森林組合で調査しました。

　これによると1989年度の1 m^{3}当たり必要経費は全体で1万139円となっており、そのうち伐出経費が76％の7,670円/m^3、市場での経費が24％の2,469円/m^{3}です。伐出経費の38％を占める3,808円/m^{3}が伐木費であり、次いで搬出費が20％の2,053円/m^3、山土場までの経費が

表5－4　1989年度の1 m^{3}当たり主伐にかかった伐出経費

作業区分	割合（％）	経費（円）
伐木費	38	3,808
搬出費	20	2,053
運賃	13	1,321
その他	5	488
伐出費計	76	7,670
市場費計	24	2,469
経費合計	100	10,139

表5－5　1998年度の1 m^{3}当たり主伐にかかった伐出経費

作業区分	割合（％）	経費（円）	1989年を100％とした場合の上昇率（％）
伐木費	48	5,489	144
搬出費	13	1,509	74
運賃	12	1,378	104
その他	4	463	95
伐出費計	78	8,839	115
市場費計	22	2,498	101
経費合計	100	11,337	112

第5章　日本林業の課題と可能性

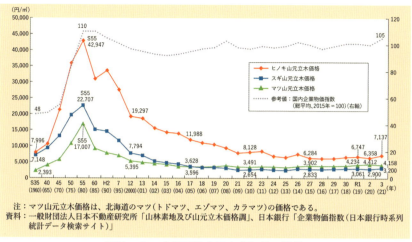

図5-9　全国平均山元立木価格の推移
出典：令和3年度『森林・林業白書』

58％、5,861円/m³かかっていました。それが1998年度には全体で1万1,337円/m³と1989年度に比べて112％も上昇しています。内訳を見ると、伐木費が5,489円/m³と144％も上昇しており、一方で搬出費は74％の1,509円/m³に縮減しています。伐倒は両年度ともチェーンソーを使った作業で、その工程はほとんど変わっていないことから、人件費等のアップの差だと考えられます。一方で、山土場までの搬出経費は、風倒木の復旧作業で膨大な作業道を新設するとともに、高性能林業機械、とりわけフォワーダなどの乗用機械の導入が進んだためコストの低減につながったのです。また、市場での経費は101％、2,498円/m³とほぼ同じで、全体の2割強を占めていました。当時の立木価格は、2000（平成12）年でもヒノキで1万9,297円/m³、スギで7,794円/m³と今よりも高く（図5-9）、伐採・搬出コストや市場手数料を引いても、はるかに高い森林所有者の収入があったのです。

（6）素材生産コスト削減のポイント

　2021（令和3）年はウッドショックの影響で全国平均の山元立木価格が少し上昇しました。ヒノキが対前年比112％の7,173円/m³、スギが

同 110％の 3,200 円 /m³ になりました。しかし、2020 年までの 20 年間で見ると、ヒノキが 3 分の 1 の 6,358 円 /m³、スギが約 4 割の 2,900 円 /m³ へ激減しています。

　日本の素材生産の現状については、前提したように令和 2 年度の『森林・林業白書』で詳しく分析されています。日本と同様に急峻な山岳地帯が多いオーストリアでは、労働者 1 人が生産する丸太の量は車両系作業システムで 30 ～ 60m³/ 人・日、架線系作業システムで 7 ～ 43m³/ 人・日となっています。一方、日本は、先に示した図 5 － 1　（p.168 参照）のように 2018 年度においても間伐で約 4 m³/ 人・日、主伐で約 7 m³/ 人・日という水準です。高性能林業機械の導入台数は 1 万台を超え、素材生産量全体のうち高性能林業機械を活用した作業システムの割合は 2019 年度で 8 割に達しているというのに、現状は世界水準からみると非常に低くなっています。この理由として『白書』は、「ハーベスタやプロセッサの稼働率の平均が約 55％程度にとどまっている」ことをあげています。表 5 － 6 のように、スイングヤーダの 53％とともにプロセッサでも稼働率は 56％、タワーヤーダに至っては 22％という状況です。高性能林業機械の導入によって個々の作業現場での生産性は向上したとしても、全体的な機械の稼働率が伸び悩み 1 日当たりの生産コストは高止まりしているという分析です。対策としては、1 か所当たりの伐採面積を効率的な規模とするとともに、同じ林道沿いとか移動時間

表 5 － 6　機種別の稼働率（2019 年度）

機　種	フェラーバンチャ	ハーベスタ	プロセッサ	スキッダ	フォワーダ	タワーヤーダ	スイングヤーダ
稼働率（%）	32	54	56	13	47	22	53

注：生産性階層ごとのデータは、稼働率の高いプロセッサ、ハーベスタを所有し、平成27（2015）年と平成30（2018）年を比較できる835事業体で集計。
資料：林野庁業務資料

出典：令和 2 年度『森林・林業白書』

の短いところに稼働日数を増やせる事業量を確保することが必要です。

　その事業量について『白書』は、4人のオペレーターで構成される作業システムで、1年間に210日の稼働として、約8 m^3/人・日の生産性で6,700m^3、11m^3/人・日の生産性で9,200m^3が目安としています。私の経営している山林で考えると、1 ha当たり平均260m^3の丸太が生産されていますので、約8 m^3/人・日として26ha、11m^3/人・日として35haの年間事業量を確保することが必要になります。少なくとも2か月間、同じ事業地で作業するとなると、約4～6 haの皆伐面積を一定の範囲に確保することが必要です。私の50年前の経験からすれば広葉樹の伐採跡地の造林規模はその程度は確保されていたし、現在の私の伐採地でも、その規模で売り払っています。これまでの売り上げは650万円、ha当たり160万円でしたが2021年では960万円、ha当たり240万円になっています。この素材生産事業体は山元土場からの直送システムをとっており、この規模と作業システムでさらに生産性の向上に工夫して世界水準にしていくことが重要です。

　木材価格が上昇した2021年に、私は0.6haの人工林を周囲の森林所有者と一緒に皆伐し、販売しました。その結果、8月4日の市売りで約12m^3、平均単価1万9,628円で約23万円、8月19日は約129m^3、平均単価1万6,651円で約214万円、9月3日は約55m^3、平均単価2万1,183円で約116万円の売り上げになり、全体で約236m^3、平均単価1万7,680円で約417万円の売り上げとなりました（表5－7）。ha当たりに換算すると約700万円となります。その内訳は、素材用丸太が約201m^3、平均単価で1万9,847円/m^3、パルプ・チップが約35m^3、平均単価で5,036円/m^3です。必要経費を先の日田郡森林組合の資料に基づいて分けると、伐出費が平均単価7,240円/m^3の約171万円、市場費は約41万円、単価にして2,020円/m^3の合計で約212万円、そこに森林組合の販売手数料13%の約54万円、単価にして2,308円/m^3などが上積みされ、経費全体で約269万円となり、私の手元に残ったのは約148万円、ha当たりにすると約250万円となりました。このような単価なら利益も一定程度出るのですが、平均売上単価が1万1,414円/m^3なら

表5−7　受託林精算書

受託林精算書　　　　　　　　令和3年9月30日　No.

山田壽夫　様

を下記のとおり精算いたしました。　　　　　　森林組合

精算額	金 1,477,575	円也

	摘要	売上先	数量(m3)	単価	金額	金額
売	素材	市場	201.315	19,847		3,995,518
	素材	工場	0.000	#DIV/0!		0
	素材	くぎもと製材	0.000	#DIV/0!		0
	くい木材	本				0
	パルプ,チップ		34.500	5,036		173,740
上						
内						
訳	合計		235.815	17,680	金	4,169,258
摘						
要						

	経費内訳		金額	消費税	合計
控	現場管理費		30,000		30,000
	搬出費		462,300		462,300
	運賃		397,803	39,780	437,583
	機材運搬費		1,718	172	1,890
	利用料	GP35A/SW302	705,000	70,500	775,500
	敷砂利代他				0
除	市場手数料		217,935	21,792	239,727
	椪積料		151,851	15,184	167,035
	林産販売手数料	売上×13%	494,784	49,478	544,262
	雑費	労災保険料	33,386		33,386
	計		2,494,777	196,906	2,691,683
	前渡金				
	前渡金利息				
	合計				2,691,683
	差引精算額				1,477,575

手取りは0円であり、平均単価が50％下がったら収支が合わなくなります。

　では、どこに問題があるのかでしょうか。市場経由をなくすことで市場手数料をなくすことも1つの解決手段ですが、それでも大型製材工場かどこかで選別作業が必要になります。この時私が利用した民間の市場はかなり努力をされており、搬入された丸太を樹種別に一定の径級別、長さ別に、さらにはキズ、シミ、黒芯、曲がり、大曲がり、C材などに大別して椪積みし、競りがなされています。9月3日の市売りでは、スギ約2m^3、12本を9口、ヒノキ約53m^3、560本を39口に子分類して競りにかけており、市場売り上げ約55m^3、116万円に対し手数料が6％の6万9,750円、椪積料は4万4,263円であり、1m^{3}当たりにすると手数料は1,277円、椪積料は810円/m^{3}の2,087円/m^{3}となっています。そこまで細かく分類をする必要があるのかという問題はありますが、市場での努力の対価として高すぎるとは思いません。

　一方で、山元土場から市場までの運材については、約46万円、1m^{3}当たり1,960円となっており、1989年や1998年と比べると高く見えますが、ガソリン代やトラック運賃の上昇に加え、過積載問題が解消され

第5章　日本林業の課題と可能性

たことを考えると、この値段にもそれなりの妥当性を感じます。運賃の合理化は、トラックの積載重量の大型化や、3 t近くあるグラップルをどう外すかという仕組みが課題になります。

　ここで一番の課題となるのは、機械利用料約78万円、1 m^3 当たり3,289円プラス搬出費約46万円、1,960円 /m^3 です。これに現場管理費、木材運搬費を含めた合計5,384円 /m^3 を合理化することが必要です。伐採・搬出分野での機械化により、コストを半減する取り組みが求められます。森林組合の手数料13%は、一定程度の利益がないと事業が成り立たないので仕方ないことですが、手数料の内訳の透明化と合理化により低減させていくことが必要です。

　このように分析していくと、個々の分野ごとの合理化努力も重要ですが、全体のシステムを大きく見てコスト縮減を考えるべきです。それぞれの分野でコスト縮減が進んでも、誰かが全体を見てコストをコントロールしなければ、ベストの取り組みにはなりません。例えば、毎日市場の中で選別、椪積み、競りを行っている行為自体はその事業所にとってベストであっても、全体としての最適解になっているとは言えないことが日本の素材生産に関する課題だと考えます。

4．再造林のあり方を見直す

（1）肥培林業の試み

　私の学生時代に、短伐期の高付加価値林業として有名だったのは、京都の北山スギの磨き丸太，そして近畿地方にある天然絞り丸太でした。九州の林業からすると羨ましく、京都や奈良に視察に行くときは、大根を持っていくようにと言われました。天然絞り丸太の立木の枝先を折ってその大根に挿して持ち帰り、自分の山林で増殖するためです。

　奈良の吉野林業や京都の北山林業を初めて訪れたのは、1983（昭和58）年9月から2年3か月勤務した林野庁企画課の金融係長時代です。当時は、500ha 以上の森林所有者には林野庁の造林補助事業が該当せず、農林漁業金融公庫（現在の日本政策金融公庫）の造林資金を融資して植

201

林や下刈りなどの保育、作業道の作設などを実施していました。昭和50年代は、初任給が月7万円のときに、35年生のスギがha当たり900万円で売れていました。年間の貸付利率が3.5%で25年据え置き、15年償還の造林資金が全国の林業家に飛ぶように貸し付けられていました。林業投資に魅力を感じると、お金を借りてでも造林をするものです。私も学生時代は短伐期促成栽培型の林業を目指していました。人吉・球磨地域の有力林家の皆さんと、1日でも早くスギ、ヒノキが成長するようにヘリコプターによる林地肥培を行っていました。今では嘘のような話ですが、貨車で肥料を購入し、冬の間にヘリコプターをチャーターして肥料を空中散布していたのです。記憶の限りでは、人手で肥料を散布するのとヘリコプターで散布するのとはほぼ同じ金額で、概ねha当たり5万円程度の費用でした。

　肥培林業では、10.5cmで3mの柱角を10年で収穫するという試みも行っていました。私の学生時代は、年間30ha（苗木では約10万本）を植えていたので、鹿児島の鹿屋まで4t半のトラックで行き、肥培管理で良く育つスギ品種の1つであるキジンを譲ってもらい、我が家の山林に植え付けたことを思い出します。

　当時の林業は異常といえるような状況で、3mの柱をつくるのに4mまで、さらに梯子を使って6m以上まで枝打ちをしている人も多くいました。ビール瓶の大きさになる前に枝打ちをして、肥培管理して10.5cm角の四面無節の柱をつくることを目指していました。

　これ以外にも、キリを促成栽培して短伐期林業で生計を立てることも考えました。キリについては、ブラジルで大規模な栽培的造林が行われていました。1981（昭和56）年の林野庁の係長時代、インドネシア・セレベス島のマカッサルの近郊で、三井物産が手がけた大規模なキリの植林地を視察したことがあります。しかし、日本ではキリの需要が減少し、最近では話題にもなりません。造林樹種にはいろいろなブームも訪れますが、やはりスギとヒノキ、そしてカラマツやトドマツが一番でしょう。

（2）最適な造林樹種と早生樹の可能性

　林野庁を退職してから 10 年近く、人吉・球磨地域で伐採、植林事業を続けてきました。私の経験からすれば、シカの被害地にヒノキを植えても成林の見込みはありません。私が最初に伐採した団地は国有林との境にある尾根筋で、適地適木を考えて一部にヒノキを植林したのですが、防護柵を設置してもシカの食害にやられ、仕方なくスギに植え替えました（写真 5 − 19）。以降、スギでは見込みのないところにはヒノキを植えますが、その後に広葉樹の天然林が入ってきてもいいという気持ちでやっています。

　2021 年度の全国の樹種別民有林造林面積を見ると、スギが一番多くて 7,005ha、次いでカラマツが 6,139ha となっており、ヒノキは 1,745ha で北海道のトドマツ（1,503ha）とあまり変わりません。これまでの累計造林面積は、スギが約 440 万 ha、ヒノキが約 260 万 ha、カラマツが

写真 5 − 19　右上の尾根筋の白い部分がヒノキのシカ食害スギ再造林地
（2008 年伐採、2014 年頃に著者撮影）

203

約100万haですからヒノキが少なく、カラマツが多くなってきています。いかにヒノキの植林は難しいかがよくわかります。その原因は、ヒノキの新葉がシカ食害に遭うためです。広葉樹の造林樹種では、シイタケ原木用のナラ類が460ha、クヌギが451haと続き、サクラ（169ha）などが見られます。早生樹では、家具用として売り出し中のセンダンは19haの実績がありますが、コウヨウザンは見当たりません。

　私がコウヨウザンを最初に見たのは、1980年に台湾の台中から日月潭に行く途中で視察した戦前の東大演習林です（第1章参照）。成長著しいコウヨウザンについて、台湾の林野庁の方に説明してもらいました。雑誌『山林』に森林総合研究所の杉山真樹さんによる「国産早生樹の資源状況および研究動向の概況」が載っており、2020年度時点での樹種別植栽面

写真5－20　センダンの植林地と清潔な林床（2022年、著者撮影）

積がまとめられています。早生樹全体では541.5haで、内訳は、カンバ類が49.9%、コウヨウザンが29.6%、センダンが11.3%などとなっています。最近ブームになっているコウヨウザンの全国の植栽面積は約160haということです。昭和30年代に外来樹種として植えられたテーダマツと比べても、コウヨウザンはまだ産業用材として利用可能な塊（面積）にはなっていません。

　2022年6月に、早生樹の1つであるセンダンの植林地を見る機会がありました（写真5-20）。2020年3月に植栽し、芽かきを2回、枝打ちを2回、下刈りを3回実施したところです。植栽後2年3か月で樹高6m、枝下高4.5〜5mで通直を保っているものも見られました。農地のような潔癖ともいえる下刈りをしていたので理由を尋ねると、病虫害があるということでした。その1つはゴマダラカミキリによる食害、そして食痕などから侵入する細菌（バクテリア）が起こすセンダンこぶ病です。カミキリムシの発生抑制のために林地を清潔に保たなければならないとすると、採算をとるのは難しいと感じました。大分県庁時代のユリノキを含めて、短伐期とか早生樹種は、話題に上っては消えていくという感じです。

（3）苗木生産の現状とエリートツリーの可能性

　令和元年度の『森林・林業白書』によると、国内における山行苗木の生産量は2018年度で約6,000万本となっています。その2割がコンテナ苗で、植栽時期の限られた裸苗がまだ太宗を占めています（図5-11）。

　生産された苗木は、スギが約2,100万本、カラマツが約1,500万本、ヒノキが約600万本、広葉樹が約500万本ということですが、1960（昭和35）年の約13億5,000万本からは激減しています。我が家の山林に、昭和30年代後半に植え、今では見事に枝分かれし幹曲がりしているスギ林があります。農業高校の生徒が実習でつくった苗を父が植えたところです。その穂木は、生徒が自宅周りのスギから取ったものを持ち寄ってつくったということです。今日までの60年間、そのスギ林からは用材でなく燃料材を生産してきました。苗の素性は本当に大事だと実感し

図5-11　山行苗木の生産量の推移
出典：令和元年度『森林・林業白書』

写真5-21　特定母樹に指定
　　　　　されたエリート
　　　　　ツリー
出典：令和元年度『森林・林業白書』

ます。

　時間のかかる林業では、何を植えるかが非常に大事です。国は、昭和30年代から林業用苗木の選抜育種に取り組んでおり、今売り出し中のスギのエリートツリーは本当に進化しています（写真5－21）。

（4）保安林と造林補助の現状

　日本の森林には、保安林とそれ以外の森林（以下「普通林」という。）があります。令和元年度の『森林・林業白書』によると、全国の森林面積の49％にあたる1,221万haが保安林に指定されています。保安林は、森林法に基づいて農林水産大臣または都道府県知事が指定し、立木の伐採や土質の変更等を規制しています。2018年には約2.7万haが新しく保安林になっています。

　保安林については、指定目的を達成するために、必要最小限の指定施業要件として植栽の方法・期間及び樹種などを定めています。このため

写真5－22　保安林の伐採現場（2022年、著者撮影）

保安林を伐採する場合は、あらかじめ立木の皆伐許可の申請を知事に届け出て、許可通知の決定を受けてから伐採します。知事の許可すべき皆伐面積の限度の公表は、年4回都道府県公報に掲載されます。伐採終了後は、終了届を知事に届け出て確認を受けます。その後も、通常3年以内の植栽が義務付けられるなど、厳しい措置がとられています。私は、植栽の確約がとれない以上、保安林の皆伐は難しいと考えています（写真5－22）。

　植栽には、普通林も含めて公共事業としての予算措置がなされています。2021年度の当初予算でみると、国全体の公共事業関係予算は6兆690億円です。分野別の主なものでは、国土交通省の道路整備関係が1兆6,630億円、治水関係が8,367億円、農林水産省では農業農村整備関係の3,353億円に次いで、林野公共関係が1,920億円となっています。その内訳は、治山関係が626億円、森林整備関係が1,295億円です。昭和の時代の林野庁の公共事業関係予算額は、造林が約300億円、林道が約500億円、治山が約1,000億円というものでした。現在は地球温暖化対策の関係もあって治山が減少し、造林と林道が一緒になった森林整備が多くなっています。森林整備の中でも、民有林林道は1981年度には2,413km開設されていたものが、2019年度では162kmとピーク時の7％まで減少しており、造林関係の予算が大きくなっていることがわかります。

　一方で、民有林の造林面積は、1961（昭和36）年度の34万haから減少し、1974（昭和49）年度に20万ha、1984（昭和59）年度に10万haを切り、2019年度では2万562ha、育成複層林整備に係る樹下植栽を含めても2万2,788haと著しく減少してきています。国有林を含めた造林面積全体では、1961年度の42万haから2019年度には3万3,404万haになり、主体別には国有林1万616ha、都道府県・市町村などの公営7,648ha、私営1万5,139haとなっています。2021年の「森林・林業統計要覧」によると、立木伐採面積は2019年度で8万8,050haあり、伐採と造林にある時差を考慮しないと約4割の再植林率になります。これは低いと評価されていますが、私はよく植林されていると考えています。

（5）普通林と造林投資の現状

　もう1つの見方もできます。2021年度の保安林及び保安施設地区制度の概要によると、保安林における立木伐採許可・協議面積は2万2,680ha です。協議対象は国有林です。国有林はほとんどが保安林ですから1万1,327ha は再造林されたか、されると考えていいでしょう。許可面積1万1,353ha は民有林ですが、植栽義務がかかっていることから造林されたか、されると推定すると1.1万ha 程度しか普通林では植栽されていないことになります。

　立木伐採面積の8万8,050ha から保安林の伐採許可・協議面積の2万2,680ha を差し引いた6万5,370ha が普通林の母数になりますから、造林投資としての林業としては、伐採面積の2割以下しか再造林されていないことになります。つまり、生業としての林業適地においては、造林投資はほとんど実施されていないということです。もちろん普通林ですから、森林所有者が持っている資金をどこに投資してもいいのですが、

写真5－23　造林が必要な大規模な皆伐跡地（2022年、著者撮影）

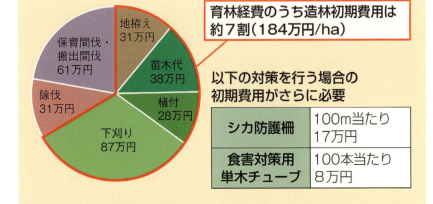

図5－12　再造林費用の現状
出典：令和2年度『森林・林業白書』

日本では林業投資の魅力が全く見えないということです（写真5－23）。

　それでは、日本の再造林の費用はどうなっているのかでしょうか。令和2年度の『森林・林業白書』に図5－12として載っています。ha当たりの費用は、地拵えが31万円、苗木代は3,000本植えとして38万円、植付けが28万円、下刈りが87万円で、合計184万円が造林初期費用としてかかり、育林経費全体の7割を占めます。シカ被害のあるところでは、シカ防護柵（写真5－24）などの経費もかかるので、山元立木価格、つまり伐期が来て売った時の収入を大きく上回ってしまいます。これでは誰も造林をしようとは思いません。

　さて、再造林費用の太宗を占める裸苗木を植林する労働力ですが、造林時期は限られており、私の地元・九州では2月、北国では雪解けの後の5月です。一部に秋植えもありますが、限られた時期に集中しています。このため、従来から農業との兼業の方が多くいて、農作業との連携で造林労働者が確保されていました。「林業統計要覧」によると、就労

第 5 章　日本林業の課題と可能性

写真 5 − 24　造林地のシカ防護柵（2021 年、著者撮影）

日数別森林組合の作業班員数は、1970 年度は全体で 6 万 5,375 人、59 日以下 1 万 9,922 人、60 〜 149 日 2 万 5,036 人、210 日以上 7,652 人であったのが、1989 年度ではそれぞれ 4 万 6,071 人、8,613 人、1 万 2,046 人、1 万 3,468 人となり、2002 年度には 2 万 7,156 人、4,600 人、6,317 人、1 万 19 人になります。一番新しいデータの 2019 年度になると、全体が 1 万 3,802 人、59 日以下が 1,054 人、60 〜 149 日が 1,443 人、210 日以上が 9,097 人となり、造林労働力の対象者の 59 日以下が 1970 年度の約 8 ％へ、60 〜 149 日が約 6 ％へと激減し、210 日以上の通年で働く専業的な雇用労働者が 1970 年度には約 12 ％だったものが 2019 年度には約 66 ％とその太宗を占めています。その要因は、令和 2 年度の『森林・林業白書』に書いてあるように、通年で作業可能な素材生産の事業量の増加によるものと考えられており、いかに造林のための労働力が減少しているかがわかります。

私の実家では、昭和 40 年代にはそれぞれの山に責任者がおり、その人

が近隣の農家の人を雇って造林や下刈りをやって、盆と暮れにお金を取りに来てました。その後、森林組合に頼むようになりましたが、先般ある組合に造林をお願いに行ったら、300人いた作業員が30人に減っていると聞いて、労働力の減少を痛切に感じました。農山村地域での農業従事者の高齢化と後継者の不足が造林作業に大きく影響しているのです。

　このような状況を整理すると、日本の林業の大きな課題の1つは、造林投資が森林所有者にとって魅力的に感じられないこと、もう1つは、造林に必要な労働力をどうやって確保していくかということになります。

第6章
世界の主要林業国は何を目指しているか

1．最近の円安が意味していること

　本書の執筆をしていた 2022（令和 4）年 9 月に、為替レートは 1 ドル ＝ 140 円ドルを超え、一時は 144 円に達しました。日本の林業は 1 ドル ＝ 360 円の固定レートから，変動相場制に移行して一時は 70 円台まで上昇する中で、世界中の天然林との競争にさらされ、厳しい経営環境に置かれ続けてきました。

　私が 2001（平成 13）年に林野庁の木材課長に就任したとき、将来 1 ドル ＝ 150 円くらいの円安になれば、日本林業の国際競争力は自ずと高まっていくだろうと議論していました。今、そのような為替レートになってきたことで、日本国内でつくった木材製品などは輸出しやすくなり、逆に、海外で木材を買い付けることは難しくなってきています。

　世界の丸太価格をドルベースで見ると、米国南部にあるサザンイエローパインの 50 ドルを除けば、概ね 100 ドルが相場だと考えています。ただし、円ベースで考えると、100 ドルは昭和 40 年代の 3 万 6,000 円から一旦は円高で 8,000 円くらいになり、昨今の 1 ドル ＝ 144 円という円安では 1 万 4,400 円になったことになります。最近、丸太の市況は少し下降気味ですが、世界的な相場にそれなりに近いのではと感じています。

　第 5 章までで繰り返し述べてきたように、日本の人工林の世界的な競争力はかなり強くなってきています。その上で、為替レートに振り回されずに、1 ドル ＝ 100 円ベースになっても競争できる生産体制を構築することが重要です。

　世界的に天然林資源の伐採は制限され、二次林や人工林資源で競争する時代を迎えています。日本の林業は、急傾斜地で作業を行うというハンディを負ってはいるものの、ドイツのように大径木化していけば、それなりの競争力を発揮していけます。

　急傾斜地を克服する技術開発として、私のお師匠さんである泉林業の故泉忠義社長が考えた荷掛手不要のタワーヤーダ集材方式は、ゲームセンターの UFO キャッチャーを思わせる作業システムであり、画期的と

言えます。これを改善していけば傾斜地での素材生産の効率性も上がり、後は再造林問題を解決すれば日本の林業の国際競争力は十分に確保できます。

本章では、世界の主要林業国の戦略を参考にしながら、この点について掘り下げていきましょう。

2．「スマート林業」の可能性

2015（平成27）年に、熊本県人吉市の「『G空間×近未来』を活用したスマート林業構築の調査」の委員を拝命しました。この委員会では、ICTを活用してスマート林業を実践している海外の事例を調べることにしていて、その先進国であるスウェーデンを2016（平成28）年3月に訪れました（写真6－1）。

行った先は、ハーベスタやフォワーダなど乗用型高性能林業機械で世界シェアの3分の1を持つコマツフォレストの本社です。同社は、バルメットという林業機械メーカーを2004（平成16）年に買収したもので、スウェーデンのウメオに本社があります。

同社によると、世界の乗用型高性能林業機械は年間約3,000台の需要があり、その需要を米国の農業機械メーカー・John Deere社とフィンランドの林業機械メーカー・Ponsse社、そして同社で分け合っている

写真6－1　スウェーデン・コマツフォレストの歓迎ディスプレイ（2016年、著者撮影）

215

写真6-2　凍りついた川の上の著者（2016年2月）

ということでした。ウメオは北極圏まで400kmの位置にあり、訪れた3月には町を流れる大きな川が凍りついていました（写真6-2）。

　前述したように、この視察でのテーマはスマート林業でした。この言葉は、賢い林業とでも訳せます。それが具体的にどのように進んでいるのか、現地で話を聞きました。

（1）コマツフォレストの取り組み

　コマツフォレストの担当者は、「林業の現場で生産性向上やコスト削減への要求は大きい。弊社はICTの活用によってこの要求に応えようとしている」と話しました。

　ICTとは、information and communication technologyの略称で、情報技術（IT）に通信コミュニケーションを加味したものです。コマツフォレストでは、次のような取り組みを行っていました。
- MaxiXplorerというデータベースのソフトからMaxiFleetという機械搭載用のシステムを開発
- PROACTというサービスにより、プロの目で診断し不具合で機械がダウンする前に対応
- PROACTのサービスはMaxiFleetで機械の情報を見える化しているからこそ実現可能

つまり、ワイヤレスのシステムが林業機械と関係する仕事や関係者の

情報を共有化しているのです。

例えば、ハーベスタが伐採・造材した情報がGIS（位置情報）とともにフォワーダに送られ、どこに丸太があるかが自動的にわかります。担当者は、次のように解説しました。

「林業機械がアシストし、初心者でもベテランの仕事ができ、最終的には声で指示するだけで伐採・造材・集材が誰でもできるようになり、その仕事や情報はすべてコンピュータで管理・共有される。こうなるのは、そんなに遠くない。」

この高性能ハーベスタとフォワーダのセットは、北欧では年間3,000時間（実働12時間で250日）ほど使われており、ブラジルでは6,000時間使われている機械もあるということでした（写真6－3）。1台のハーベスタが1日に丸太を900m^3（1時間に約40m^3）生産したことも

写真6－3　コマツフォレストの世界的なサービス網。米国、欧州、ブラジル、オーストラリアが対象となっており、日本の存在感は薄い。（2016年、著者撮影）

写真6－4　スウェーデン・ウメオ郊外で行われているコマツフォレストのハーベスタによる天然林伐採現場（2016年、著者撮影）

あるということで、驚くべき数字です。

その後、年間40万m^3の原木を消費する製材工場を運営している森林組合に行きました。そこの仕入れ担当者からは、伐採・造材して製材工場着までの生産コストは約1,680円（120SKE）/m^3という、これも驚くべき数字を聞きました（写真6－4）。

日本の素材生産の生産性は、2013（平成25）年時点で約6m^3/人・日、素材生産のコストは約7,000円/m^3です。輸送コストを入れても2,000円/m^3以下で生産しているスウェーデンとは大きな開きがあります。

(2) スウェーデンの機械開発コンセプト

スウェーデンにおける機械開発のコンセプトは、「人のコストが一番高く、機械の働きを自動化することが生産性を向上させる」というもの

です。

　ハーベスタが丸太を伐倒し採材するときに、ヘッドが10cm間隔で直径を計測してデータをとり、その精度を高めるために1日に1回程度50cm間隔でオペレーターが検測して補正し、そのデータをGIS情報とともにインターネットのポータルサイトに報告していました。1台のハーベスタは、1週間で2万本（約20ha）くらいの作業をしていました。これらのデータが長年集積され解析されて、ハーベスタヘッドを2m程度走らせると、コンピュータが自動的に採材の種類を選別し玉切りをしていました。日本では1m^{3}当たり1,000円から2,000円近くかかっている人手による丸太の計測は、ハーベスタ作業の時点ですでに終わっており、玉切りだけでも生産性が2倍以上になっていました。

　思い起こせば1997（平成9）年にフィンランドのメッツァリートが運営している最新鋭の無人化製材工場を見に行ったときに、現地の伐採現場も視察しました。そのとき、ハーベスタの1台が動いておらず、オペレーター以外に2人の作業員が従事していました。何をしているのかと尋ねると、ハーベスタのヘッドで測定している丸太の直径のデータが少しずれているというクレームがきたので調べに来ているとの答えでした。今から約25年前に、すでにフィンランドではハーベスタのヘッドで材積をカウントしていたのです。

　北欧では、この四半世紀で素材生産の効率化が大きく進んでいます。遡れば、1989（平成1）年に振動障害の裁判資料を作成するためスウェーデンの研究所を訪れた際、すでに乗用型林業機械の運転席からの振動が人体に与える影響がメインテーマになっていました。こうした取り組みの違いが世界と日本の差になってきているのです。

　スウェーデンの生産性は、コンピュータの導入、特にICTの導入によって飛躍的に伸びており、2016年時点で平均40〜60m^3/人・日に達していました。林業機械からは2分間に1回の頻度でデータが送信され、より詳しいデータも15分から1時間に一度のペースで送られていました。その結果、遠隔からでも機械が働いているか、休んでいるか、故障しているかなどが把握でき、故障時の対応も迅速になり、何よりも

労働災害が激減したということです。

日本の林業における労働災害発生率は、2014（平成26）年時点で死傷年千人率が26.9となっており、全産業平均（2.3）の約12倍で、現在も高い水準が続いています。日本でも、24時間無人で伐倒から集材、造林までこなせる機械を開発して、労働災害を激減させることが急務です。このことは、ICTを取り入れたシステムの発達によって可能になってきています。1日も早く日本型の作業システムを開発して国際競争力を確保していく必要があります。

3.「無人化林業」の実現に向けて

日本の林業は、欧州の中でも山岳地帯の多いオーストリアとしばしば比較されます。

1997年にスウェーデンで4年に1回開催される世界的な林業機械展「エルミアウッド」を見る機会がありました。出展されていたのは林内を走行して伐採・集材する大型林業機械がほとんどで、架線系の集材機械はオーストリア製を1台見かけただけでした。その機械よりも、日本で普及していたスカイキャリーやラジキャリーの方が優れていると思いましたが、その後、オーストリアでは集材機による集材作業が大きく進展し、日本の遥か先を行っています。

こうした状況に危機感を持った私は、2017（平成29）年7月、森林科学研究所に「無人化林業システム研究会」を立ち上げました。そして、専門家の意見を集約化しつつ関係資料の収集・分析を進めているうちに、急峻な山岳地帯の多いニュージーランドが先進的な林業を行っていることを知り、現地調査をすることにしました。そこでわかったことや参考になることをご紹介します。

（1）機械をフル活用するために必要なこと

ニュージーランドの年間素材生産量は約3,000万m³で、ほぼ日本と同じです。ただし、伐採・集材関係の従事者は約4,000人しかいません。

日本は約2万人で約3,000万m³を生産しているので、ニュージーランドの方が生産性は約5倍高いことになります。この差はどこから生まれているのでしょうか。

1つは、ニュージーランドの施業団地は日本よりも広く、林道・作業道の作設や集材計画の作成など、林業機械と従事者を効率よく作業させる事前準備がしっかりとされています。先に述べたように、日本の林業機械の稼働時間は、プロセッサが56%、ハーベスタが54%、タワーヤーダに至っては22%にとどまっています。一方で、ニュージーランドなど世界の主要林業国では、林業機械を年間3,000時間は稼働させて、ほぼ5年で償却を終わらせています。

ニュージーランドのPAN PAC FORESTPRODUCTS LTD（以下、PANPAC社と略）によると、事前準備は次のように行われています。

まず、計画を立てる前段階で架線系集材か車両系集材かを決めて林道を配置していきます。この際、机上では5年ほど前から検討に着手し、現地での議論を経て、少なくとも1年前には大型トレーラーの入る林道の建設にとりかかります。概ね、傾斜20度以上は架線系、残りは車両系で収穫しています。

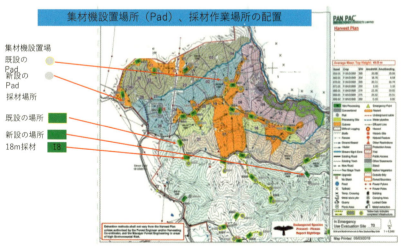

図6-1　ニュージーランドの合理的な伐採配置計画図

写真6−5　熊本県人吉市の伐採現場（2022年、著者撮影）

　「無人化林業システム研究会」が現地調査の対象とした森林では、架線系6割、車両系4割で伐出をしていました。最大18％の上り設計ですが、柔らかい土壌地帯なので、まず最大勾配で登り、尾根筋に林道をつけて上げ荷集材をしていました（図6−1）。このまま日本にとりいれるのは難しい作業システムですが、伐採方法の検討や作業道の配置の仕方は見習うべきところがあります。

　我が家の山林を歩いて途中の林道から見た伐採現場が写真6−5です。それなりの量的塊があり、少なくとも4ha以上はあります。このような伐採地は日本国内に多数存在しており、同じ林道上の伐採地を集約化するなどして、林業機械の稼働率向上へ結びつけていく必要があります。

（2）機械開発目標の明確化と予算措置

　ニュージーランドは、林業機械についての開発理念がしっかりとしています。

　ニュージーランドにおける林業の機械化は、2010（平成22）年頃から安全性の向上とコスト削減を目的に始まっていました。ニュージーランドには、森林の所有規模によって大小２つの団体があります。大規模所有者の団体である Forest Owners Association（FOA）の研究開発部門として Forest Growers Research（FGR）が組織され、林業会社や製材工場などが資金を出し合って研究に取り組んだということです。

　もう１つの森林所有者団体である Farm Forestry Association（FFA）とともに、Commodity Levies Act 1990（一般生産品徴税法）に基づく新税の受け皿として Forest Growers Levy Trust Inc.（FGLT）を 2013年３月に法人団体として設立しています。Commodity Levies Act 1990及び Harvested Wood Products Levy Order 2013（森林収穫物徴税令）に基づき、森林所有者から収穫量１t当たり 27NZ ドル（約20円）が2014年１月から徴収されています。2019（令和１）年の予算は 879万NZ ドルであり、t当たり 27 セントで収穫量 3,300万 m^3 と一致します。

　2014 年以降、FGR の研究プロジェクトには、この年間徴税収入（約６～７億円）の半分にあたる３億円強が充てられ、研究が加速しています。2025（令和７）年までに 2,900万 NZ ドル（約24億円）が投入されると聞きました。このように、明確な意思のもとに林業の機械化が進められているのです。

（3）素材生産を大きく変えたテザーシステム

　ニュージーランドは、急傾斜地で効率的な伐出システムを確立することに取り組んでいます。今後は、遠隔操作などに関する研究開発をさらに進めて、将来的には運転席を撤去して、より小さく軽く安価な機械を実用化することを目指しています。

　ニュージーランドの林業機械化で最も特徴的な Tether System（テザーシステム、第５章、p.108 ～ 110 参照）は、10 年前に EMS 社と

DC Equipment 社という 2 つのメーカーが開発しました。エクスカベータにウインチを乗せ、そのウインチでハーベスタの重量を支えて傾斜地で伐採作業を行っており、架線下の作業リスクを除去するためグラップルキャリッジも製造されています。2012（平成 24）年の初めにハーベスタをケーブルアシストしたのが始まりで、今では EMS 社が TRACTION LINE という商品名で 100 台、DC Equipment 社が 70 台、ログ社が 30 台、アルパイン社（南アフリカ）が 15 台出荷し、ニュージーランドの伐採現場で動いているそうです（写真 6 － 6、7、8）。

テザーシステムの導入によって、ニュージーランドにおける素材生産事業は大きく変わりました。

2013 年時点では、架線系集材地での採材の機械化（MechProcess-Yarder）が 30％、車両系集材地での伐倒の機械化（Mech fell-Ground-based）が 40％、採材の機械化（Mech Process-Ground-based）が 60％だったですが、2017 年にはいずれも 90％前後になったそうです。なお、架線系集材地での伐倒の機械化（Mech Fell-Yarder）は、2013 年には数％だったものが 2017（平成 29）年では 30％台に上昇しています。ただ、現地の関係者によると、未だに十分ではなく今後も導入を進めるとしています。

この間に重大災害等の労働災害の発生件数は、2012 年の 168 件から 2018（平成 30）年は 60 件へと 6 割減少し、生産量ベースでの発生率は 2012 年の 6.1 件 / 百万 m^3 から 2018 年の 1.6 件 / 百万 m^3 へ 7 割減少しているそうです。

ニュージーランドにおける架線系集材のコストは、2009（平成 21）年の 32NZ ドル /t（2,560 円）から 2017 年には 40NZ ドル（3,200 円）を超え、車両系集材のコストも 22NZ ドル（1,760 円）から 27NZ ドル（2,160 円）へと上昇してきたため、引き続き収穫自動化システムの開発が必要ということでした。伐採作業に従事する労働者は 3,500 人から 4,000 人へ増加していますが、今後は労働力不足が見込まれることから、林業作業システムの自動化が必要とされています。

第6章 世界の主要林業国は何を目指しているか

写真6-6　EMS社の機械製作風景（2019年、著者撮影）

写真6-7　TRACTION LINEを乗せたエクスカベータ（2019年、著者撮影）

写真6-8　テザーシステムによるハーベスタとの連結（2019年、著者撮影）

（4）今後に向けた機械開発の課題

　ニュージーランドにおける機械開発の成果と課題をまとめると、次のようになります。

- ○林業の部分的な機械化は進んできたが、土場での作業や林地残材の処理の機械化がまだ残っている。短幹にするための土場作業や運材のための積み込みの自動化が必要である。
- ○新たな収穫システムでは「地面を歩かない，丸太を手で触れない」ことを目標にロボット化された丸太選別土場で、丸太の等級別選別とトラック積み込みの自動化を進める。
- ○丸太のタグ付けをプロセッサやフェラーバンチャーなどによって無人で行い、tベースでの体積売りを可能にすることを考えている。林地残材についてもtベースでの売買計測が可能と考えている。
- ○エクスカベータのヘッドを無人で別のヘッドに替えるなど、1台の機械でヘッド機能を変えることで仕事の効率を上げることに取り組み中である（Automatic quick coupler）。
- ○スマート・ヤーダー、グラップル、運材機の制御システムを考えている。架線系の集材において半自動グラップルとタワーヤーダでの制御システムを備えたSmart-Yarderの開発を目指している

（Smart yarder Grapple & hauler control system）。

○車両系集材においては、自動的に丸太にタグ付けし手作業による検尺と重量測定システムをなくして、1本ごとの丸太 ID システムを検討中である。

○選別なしでトラックへの積み込みを 10 分（30 t トレーラー）で完了する大型グラップル装置の開発を考えている（Lang capacity log loading grapple）。

○丸太選別土場での自動丸太タグ読み取り機（欧州で試験中のもの）で、リアルタイム在庫管理を目指す（Automated tag readers）。

○項目別のコスト削減を評価し、小さいスケールのオペレーションでもコストを削減して競争力をつけていく。例えば、小規模のハーベスタでも 10NZ ドル /m^3 コストを削減すると 165 万 m^3 も追加生産できる。10％コストを下げれば再造林も進むことになる（Economic benefits from Programme）。

（5）ICT を活用した効率的な流通システム

　ニュージーランドの TASMAN PINE FORESTS LTD（以下「TPF 社」と略）は、年間に丸太で 45 万 t（0.97m^3/t 換算で 44 万 m^3）を生産しており、その採材は、3.9m（含む伸び寸 10cm）とか 5.9m から 14m まであります。その TPF 社が運送を外注している Waimia Contract Carriers LTD は、TPF 社の伐倒班 10 班と 6 工場及び港の 7 か所への輸送と出荷先をコントロールするシステムを請け負っています。請負費は、トラック運賃として 30 ～ 120km が 10 ～ 18NZ ドル（800 ～ 1,440 円）/t、これにコントロール代が 1 ～ 1.5NZ ドル（80 ～ 120 円）/t だそうです。ニュージーランドには Wi-Fi のつながらない伐採現場も多くありますが、トラックにはサムソン製のタブレットがあり、GPS 情報と丸太の質・量などが入力されていて、Wi-Fi のつながるジオフェンスというチェックポイントを通過すると、そのデータが自動的に入ってくる仕組みになっています。Wi-Fi の届かないところでは、無線により必要なデータ交換を随時行っていました（写真 6 − 9）。

写真6－9　配送トラックのコントロールセンター（2019年、著者撮影）

　一方の PANPAC 社は、トラックは 46t（片側8輪）から保有しており、50t〜58 t（片側9輪）までが山林用で 32〜33 t の積載が可能です。パルプを港まで運ぶ専用のものは 63 t 車と大型です。PANPAC 社の製材工場へは 18m で採材して山元から輸送し、輸出や他の製材工場へは山元で5〜6m の短幹材にして配送していました。18m に採材された丸太を伐採現場にある大型のグラップルで 32 t 積のトラックに 10 分もかからずに満載にしていました（写真6－10）。

　山元で 18m 採材して製材工場まで輸送された丸太は、そこでスキャナーにかけられて最適の短幹に採材されていました。このスキャナーによる採材システムは、PANPAC 社の担当部長の手作りで、丸太を1cm ごとに 360 度スキャンし、直径、反り・曲がり、長さを計測し、1分間で最適な採材をコンピュータが判断していました。そして、大型の丸鋸を持つ切断機に丸太を移動させ、コンピュータの判断に従って採材していました。このスキャナー装置は、1日2回、1時間の休憩を挟んで

第6章 世界の主要林業国は何を目指しているか

写真6−10 トラックへの積み込み風景（2019年、著者撮影）

22時間稼働しており、山元で行っていた採材・仕分け作業を35人分省力化したと考えられていました（写真6−11）。

ニュージーランドでは、枝打ち材が190NZドル（1万5,200円）/t、非枝打ち材が130NZドル（1万400円）/t、パルプ材が50NZドル（4,000円）/tで取り引きされており、最大の価値になるように採材することが一番重要であるとの説明を受けました。

ニュージーランドの丸太輸出量は年間2,000万m³に及んでおり、その約4割にあたる700〜800万m³を輸出しているタウランガ港（丸太輸出港）では、丸太の受け入れは365日・24時間稼働していました。長さ12mまでの丸太を4万tの船に2日半で積んで出荷していました。トラックで入荷する丸太は、以前は人手で検尺をしていましたが、スキャナーで処理するシステムに変えていました。山元でトラックに積んだ丸太情報（カメラでスキャンしたもの）が事前に港の事務所に届くので、それに基づいてQRコード（日付、所有者、品質、数量などの情報）を作成し、トラックの入荷時に貼り付けるシステムを構築して合理化を進めていました（写真6−12、13）。

写真6－11　手作りの採材システムと18mの丸太（2019年、著者撮影）

写真6－12　タウランガ港のトラック検問所（2019年、著者撮影）

第6章 世界の主要林業国は何を目指しているか

写真6－13 タウランガ港のQRコードシステム（2019年、著者撮影）

4．日本林業改革試案

本章の冒頭で述べたように、日本の林業が国際競争力を確保するためには、素材生産と再造林が抱えている問題を解決しなければなりません。逆に言えば、この2つの問題を乗り越えられれば、日本林業は世界で勝てます。そのために、私は、次のような取り組みが必要だと考えています。

（1）日本の素材生産に求められること

第3章でご紹介したように、世界屈指の人工林資源・サザンイエローパインの塊がある米国のジョージア州では、フェラーバンチャーによる伐倒、スキッダによる集材・枝払い、プロセッサでの長尺採材・積み込みによって枝払いの工程を省くなど、山元での作業を極力簡素化していました（写真6－14）。そして、大型トラックで長尺のまま75km圏内を集荷し、製材工場着で890〜1,400円（7〜10ドル）/m^{3}というコスト削減を実現していました（写真6－15）。長尺の丸太の長さ、断面の木取り、欠点などは製材工場でコンピュータが判読するシステムが構築されています。米国でも最新鋭といえる年間80万m^{3}の製材品を生産する工場では、1分間に300m近くのスピードで送材されてくる丸太

231

写真6-14　スキッダによる全木集材（2023年、著者撮影）

写真6-15　伐採現場での大型トラックへの積み込み（2023年、著者撮影）

第6章　世界の主要林業国は何を目指しているか

表6−1　ニュージーランドにおける素材生産の特色

素材生産システムの合理化	合理化の仕組み	日本での取組状況
テザーシステム ・大規模会社有林の団体で、機械化への取り組みを 2014 年に開始 ・Wi-Fi は森林地帯に届かず、それでもタブレットや無線で補完し合理化 ・2017 年のコストは架線系 3,200 円 / t、車両系 2,160 円 / t	・傾斜地の伐倒をハーベスタで行うため、エクスカベータにウインチを搭載しアシスト ・30 〜 120 km のトラック賃 800~1,440 円 / t 配送コントロール費 80 〜 120 円 / t ・18 m 採材を行い平土場で丸太でスキャン、山元の 35 人分の省力化	・現在住友林業とキャタピラー社で日本型を開発中 ・配送のコントロールは会社ごとに工夫、組織的取り組みなし ・3 m、4 m の採材中心（山から 7 m の通し柱用丸太を運材しており、8 m 程度までは可能か）

表6−2　米国における素材生産の特色

素材生産システムの合理化	合理化の仕組み	日本での取組状況
山元作業の最小化 ・フェラーバンチャーによる伐倒、スキッダによる集材・枝払い、プロセッサでの長尺採材・積み込みを合計 3 台 3 人作業 ・2023 年の伐倒搬出工場着値は 890~1,400 円 / m³	・プロセッサによる枝払いの工程はなく、枝を折って簡素化 ・大型トラックで、長尺のまま 75km 圏内を集荷 ・乱尺の丸太を製材工場で長さ、断面の木取り、欠点などをコンピュータが判読	・林道、作業道の道幅の制限から、10 t トラック、場所によっては 4 t 程度のトラックで小運搬有

を、オペレーター 1 人で処理していました。それだけコンピュータによる支援が発達してきています。

　ニュージーランドと米国ジョージア州の年間素材生産量は、日本とほぼ同じ約 3,000 万 m³ です。しかし、伐出労働者はそれぞれ約 4,000 人と約 3,500 人です。日本の伐出労働者は約 2 万人です。大きな違いがあります。素材生産作業の機械化などによって生産性を高めていく必要があります（表6−1、2）。

　そのために最も重要なことは、山元での採材を極力シンプルにするこ

233

とです。5m、8mなどの長尺に採材し、山元での椪積み、材積測定などの作業をなるべく省略すれば、素材生産コストを縮減できます。山元から50km圏内にある原木市場や大規模工場に最新鋭のコンピュータ制御のスキャナーを導入し、丸太の品質や欠点を含めてコンピュータで付加価値が最大になるように採材し、そのデータを集積して生産性の持続的な向上に取り組むことが1つの解決方向です。山元の現場の状況に応じて小運搬（丸太の積み替え）を極力なくし、スキャナーまで4t車から10t車で運材し、採材後は20t車、30t車を使って最終加工場へ運搬する方式、すなわち日本の林道・作業道の実態に合わせたAI時代にふさわしいシステムを構築できれば、日本の素材生産は世界レベルに効率化できます。

この校正の最中の2024年10月に秋田県能代市に竣工した中国木材の新工場を見る機会を得ました。そこでは最新鋭の木材加工施設で年間24万 m³ の原木を消費するそうですが、その丸太の検知が工場土場の選木機で行われ、その数量をもって素材業者や運材業者は清算し、山元土場やトラック配送時での検知を省略しているという試みが我が国で本格的に始まろうとしています。このような素材生産におけるコスト削減が世界との競争力を高めると強く感じています。

（2）日本の再造林に求められること

ニュージーランドにおける伐採跡地への植栽は、まずヘリコプターで除草剤（FSC などが許可しているもの）の散布を行った後に行っています。苗木は外注で1本50円程度、実生苗で発芽率90%以上、10月に種を播き、8か月後の6～7月に30～40cm の高さの苗を植え付けています。植え付けは人手で行い、1日1人1,000本/ha を植える人もいますが、平均植栽密度は800本です。800本植えは3.5m 間隔になります。苗木が1本50円なので、苗木代は4万円、それに人件費がプラスされたのが造林の初期投資であり、日本のこれまでの3,000本植えと比べて、いかに効率的かがわかります。

ニュージーランドでは、従来は ha 当たり1,500本植えでしたが、苗

第6章　世界の主要林業国は何を目指しているか

写真6－16　米国ジョージア州における植栽は、植林用の機械1台で1日8ha実行、1.8×3.6mの1,500本植え、右の写真はその苗（2023年、著者撮影）

木の質が良くなってきたので800本に減らしてきています。クローン苗（挿し木苗）を増やせれば、もっと植栽本数を減らすことが可能としています。

　米国のジョージア州では、伐採後に火入れ、地拵えをし、ha当たり1,500本を植え付けています。1日で8ha、1時間で1haを機械で新植し、初期投資を徹底的に削減しています（写真6－16）。ジョージア州の年間の苗木生産量は、日本の約6倍にあたる3億3,000万本です。ニュージーランドも米国も造林投資は高利回りなので再造林意欲は非常に旺盛です（写真6－17）。

　これに対して、日本では再造林がなかなか進んでいません。下刈りや獣害対策に加え、北欧や北米のように天然更新ができず、人手による植栽になるため初期投資に大きな違いがあります。ただし、ニュージーランドや米国で行った調査では、天然更新木は成長にばらつきがあり、除伐して育種苗を植えることが有利と判断されていました。

　日本でも成長の速いエリートツリーのスギ、ヒノキ精英樹などが長年の育種の積み重ねで開発されてきています。特にスギの精英樹は、年間にha当たり20m³も成長するものがあります。日本でもha当たり800本（ニュージーランド）〜1,500本（米国南部）の植栽密度で、

235

写真6-17 米国ジョージア州の森林事務所は、皆伐後の再造林用に防火線をつくって火入れ、地拵えし、所有者がha当たり1,400円〜1,800円を負担して植林を進めている。(2023年、著者撮影)

20m^{3}の年間成長量により30年伐期による低コスト林業を実現する可能性は十分にあります。

私は、この15年間で約70haの植林をしました。学生時代には約180haを植林しましたが、その頃植えた苗木と今の苗木では成長スピードが全く違います。日本の林業用種苗は大きく進化しており、育種の成果は十分に出ていると現場で実感しています。

なお、米国東部のインディアナ州などには100年生以上の広葉樹林が至るところに広がって、択伐経営されています。ドイツでもブナなどの広葉樹林が100〜200年という長期的視点で継続的に管理・利用されています。これらは資源としての保続性があります。

一方、日本の広葉樹林は、戦後の木材需要を満たすために開発されて針葉樹人工林となりました。また、里山に残っている広葉樹林は、薪炭

第6章　世界の主要林業国は何を目指しているか

林利用が減少した 1960 年代からまだ 70 年ほどしか経っていません。この先 100 年近くは、世界の広葉樹林を利用しながら日本国内の広葉樹林を育てて、世界的な競争力を確保できる日を待つことが賢明でしょう。

　最近ブームになっている早生樹についても、育林コストの低いベトナムのアカシアが植林後 5 年でチップやペレットなどに利用されている現状を目の当たりにすると、世界的な競争力を確保することはなかなか難しいと思っています。

　やはり日本は、戦後の生活が苦しい中で先人が造成してくれた約 1,000 万 ha の人工林を有効利用しながら競争力を高めていくべきです。スギ、ヒノキ、カラマツ、トドマツを適地適木の原則に基づいて、最新の育種苗を使って再生産できる林業を追求することがベストです。

　誰にも先のことは見通せませんが、これが最適解だと考えます。

第7章
日本林業は世界のトップに立てる

本書は、「世界と戦える日本林業再生産への挑戦」というタイトルで、月刊誌『機械化林業』（林業機械化協会発行）に連載してきたものに加筆・修正し、再構成をしてまとめたものです。第1章から第6章まで様々なことを述べてきましたが、私の言いたいことは、突き詰めれば1つだけです。日本の林業の競争力を高めていけば、世界のトップに立てる──このことを皆さんにお伝えしたいのです。

1. 私の生い立ち

　私は、「バッチョシキン」という言葉を聞きながら育ちました。明治生まれの祖父は、若い頃は果樹園で生計を立てていたそうです。私の生まれた1951（昭和26）年頃には果樹栽培に加え、水田や畑作、さらに畜産もやっていたので、家には牛、豚、鶏、ヤギなどがいて、農家の子弟やブラジルに移民する研修生なども働いており、とても賑やかでした。祖父から富有柿の接ぎ木やザクロの取り木などを教えてもらい、『リンギョウシンチシキ』を愛読書として小学校、中学校時代を過ごします。

　この「バッチョシキン」とは、「伐採調整資金」のことです。戦後、皆伐が許可制だった頃、標準伐期齢以上の人工林を持っていると、ha当たり30万円が「伐採調整資金」（政府系の融資）として手当てされていました。また、『リンギョウシンチシキ』とは、今でも全国林業改良普及協会から発行されている月刊誌『林業新知識』のことです。

　私は、小学校の高学年の頃から父に連れられて山を買いに行くことが多くなりました。買い付けた山にポールと間縄をもって測量にもよく行きました。そのうちに作図をして面積を出すことが私の仕事になり、中学、高校時代と続きました。その後、鹿児島大学で林業を学ぶ頃には、林業は儲かって儲かって仕方のない時代になりました。人工林を増やすために一生懸命植林に励み、年間10万本、約30haほどスギやヒノキを植え付けて、林野庁に就職しました（写真7－1）。

　林野庁に入ってからは、林業の衰退をどう食い止めるかを考え続け、2001（平成13）年に木材課長になってからは国産材の再生に取り組ん

240

第 7 章　日本林業は世界のトップに立てる

写真 7 − 1　学生時代に植栽し、主伐・再造林を始めた山林（2022 年、著者撮影）

できました。

　こんな私ですから、「林業は必ず成り立つ」というのは身体に染み付いた考えなのです。林業は農業とは違って、収穫時期の時間的な幅が大きく、持続的な経営を確立することは簡単ではありません。しかし、植え付けた木々は、太陽と雨の中で確実に育っていってくれます。

　林野庁を退職後、父から相続した森林を含めて、約 1,000ha の森林を管理・経営しています。人工林は約 800ha ですが、その中には分収林もあるので実質 500ha として、ha 当たり 10m^3 成長すれば単純計算で約 5,000m^3 近くの成長量があり、収穫歩留まりを 7 割としても、3,500m^3 以上は伐出できます。立木価格を m^3 当たり約 3,000 円としても年間 1,000 万円の収入になります。立木価格が 1,000 円違うと収入が 350 万円も変わります。これだけを見ても、立木価格を高めるとともに、素材生産や再造林のコストを縮減すれば林業の採算性は向上することがわかります。

2．絶えざる挑戦によって国際競争力を獲得する

　今もこれからも、日本林業は挑戦を続ける必要があります。素材生産の生産性では、世界水準である1日1人当たり50m³の実現に向けたシステムを構築すべきです。特に日本では、急傾斜地に対応した架線系システムの技術開発が重要になります。急傾斜地での伐採作業には、ニュージーランドで普及しているテザーシステムの導入などを検討するべきです。

　ICT などを活用して伐採作業などの自動化・機械化を進めることも急務です。そのためには、作業区域内の Wi-Fi 環境などの整備をテンポアップしていかなければなりません。

　日本では林業に投資をしても儲からないと見られていますが、本当にそうでしょうか。精英樹などのスギ、ヒノキを ha 当たり 800 本植えて、30 年で 600m³ を収穫することは十分に可能です。下刈り作業の軽減策として除草剤を使用し、その散布にはドローンを活用することなども実用段階に入っています。

　世界の木材需要は、人口の増加や途上国の GDP の上昇とともに増えてきています。世界の人口は、やがて 100 億人になると予測されています。それに伴って、木材需要もさらに増加していくでしょう。

　この需要に応える木材の供給源は、天然林でなく、人工林または二次林で、持続的に管理された森林になります。第1章と第2章で述べたように、世界の木材生産林は 11 億 ha で、日本のような人工林は1億 3,000 万 ha しかなく、その中にはパルプ専用やパーティクルなどチップ専用の人工林も多く含まれています。製材などの用材の供給源としては、日本のスギ、ヒノキ、カラマツ、トドマツからなる人工林は世界的にも貴重な資源です。この人工林を活用して、素材生産・運材の合理化や生産性の向上、造林投資の促進などを進めれば、日本の林業は十分に世界と戦えます。

　国産材の国際競争力を高めるために、私が 2008（平成 20）年頃に考えていた構想は、次のようなものです。

　「立木を8m20cm の丸太（最低末口5cm になるまで）にし（写真7－2）、大型工場（最低でも年間原木消費量 30 万 m³）に運び、コンピュー

第 7 章　日本林業は世界のトップに立てる

写真 7 − 2　長尺のまま市場に搬入された丸太（2018 年、三重県で著者撮影）

ターを搭載したスキャナーにかけて品質や欠点を調べた上で合理的に採材する。採材の種類は、強度 2 種類×含水率 2 種類×長さ 6 種類（1.8m、2m、2.7m、3m、4m、6m）とし、24 種類の組み合わせの中から最適解を見つけ出す。含水率が高く強度が強いものは集成材用のラミナに、含水率が低く強度が強いものは無垢構造材などとして利用し、製材工場などで丸太のカスケード利用を追求する。ヒノキについてはこれらに加え、合板での活用や商業ビルの内装材としての商品化を考える。」

　日本の住宅着工戸数は、2030（令和 12）年には現状（80 万戸程度）の半分程度になるという見通しが出ていますが、第 2 章で見たように、外材から国産材への転換や非住宅分野の木造・木質化を推進すれば、新しい木材需要を生み出せます。また、国産材を 2 × 4 材に加工して、北米や欧州、東南アジアで普及している 2 × 4 住宅用に輸出することも可能になってきています。

　繰り返しになりますが、日本の木材産業の国際競争力は確保されつつ

243

あります。後は、素材生産と再造林の分野で競争力が確保されれば、持続的な木材輸出は十分に可能です。そのためには、ICT や AI など最新のデジタル技術を活用し、森林認証（SGEC/PEFC または FSC）の取得なども必要になってきます。

　最近の住宅メーカー、特に大手住宅会社は、主要構造材の調達基準を定め、JAS 認定と 10 年保証を求める時代に入っています。このような品質の保証を誰が担うのか。戦後の日本林業は、地域ブランドによって製材品が選ばれる時代が続きましたが、今は各企業が自らの製品を保証する企業ブランドの時代に入っています。このような流れは今後も続くと考えられ、建築用木材の品質などを保証する JAS の役割はますます重要になるでしょう。

3．ビックデータで競争する時代

　政府が設置している産業構造審議会の産業技術環境分科会研究開発・イノベーション小委員会は、2019（令和 1）年 6 月 11 日に報告書（中間取りまとめ）「パラダイムシフトを見据えたイノベーションメカニズムへ―多様化と融合への挑戦―」を公表し、これからの企業のあるべき姿を示しました。私なりに、重要なポイントを要約すると、次のとおりです。

　「平成の 30 年間に第 4 次産業革命が進展し、新たなイノベーションのメカニズムが生まれ、世界の産業構造は激変した。モノが付加価値の源泉だった時代には、ものづくりを中心に競争力を有する企業が多数あったが、付加価値の源泉が IT・サービスに移行し、状況は一変している。日本はものづくりの強さが裏目に出てしまったのか、『モノではなく、モノを売った後のサービスを売るビジネス』などへの取り組みが遅れ、大規模な IT イノベーションを創出できていない。『データを制する者がすべてを制する』といわれる第 4 次産業革命時代のイノベーションは、これまでの延長線上にない AI・データを活用した IT サービスとものづくりサービスとが融合した分野から産まれる可能性が高い。製造業においては、モノをつくって売るだけでなく、売った後の使用段階で

244

のデータの収集やアフターサービスなどとの連動が不可欠であり、複数の主体や知見の融合が必要である。」

このような認識は、日本の林業・木材産業を進化させるためにも欠かせません。

例えば、素材生産の機械には様々なセンサーを搭載し、得られたデータを収集・分析し、ビッグデータ化していくことによって、立木管理から生産工程までをAIで管理し、より精度と効率の良いモノづくりに転換することができます。製材工場などの加工工程でも、ベテランの工場長や班長の経験やカンに頼るのでなく、AIで管理された効率的な生産システムを構築できます。このようなシステム全体をネットワーク化することに、林業・木材産業の関係者は一丸となって取り組むべきです。

これから目指す方向は、森林を育て、木材製品を供給することにとどまりません。それらすべてに関わる情報をデジタル化していく作業に、今すぐに取り掛かるべきです。

すでに、ICT、IoTなどを活用したスマート林業を構築する取り組みが世界各地で始まっています。スウェーデンでは、StanForDと呼ばれる通信規格が整備され、森林資源データなどをオープン化し、林業機械や人の動き、丸太などに関する様々な情報を取得・集積してビッグデータ化し、AIなどを活用して全体的な生産性を高めようとしています。

日本の林業地域は、携帯電波の届かないところが多く、通信環境の整備には多額のコストがかかると考えられていました。しかし、専門家によると、数年前は通信環境を整備する費用は数千万円オーダーだったものが、今では数十万円と幾何級数的にコストダウンしており、林業現場の通信環境も大きく改善されていくだろうとの見方を示しています。この面でも、あきらめずに挑戦を続けることが重要です。

4. 日本林業の未来像

（1）林業機械化の理念と方向性

日本林業を世界のトップに立たせるカギを握るのは、機械化の推進で

す。林業機械の開発理念は、ニュージーランドと同様に、「No boots on the ground, No hands on the log（林地を長靴で歩かない、丸太を手で触らない）」を掲げるべきでしょう。

　傾斜地での伐採作業は、テザーシステムによってハーベスタによる機械伐採が可能です。この作業システムに合ったハーベスタやケーブルアシストウインチなどの日本型機械の開発が必要であり、すでに住友林業、イワフジ工業、松本システムエンジニアリングなどが着手しています（写真7－3、4）。

　最近、和歌山県の伐採現場で、集材用のケーブルグラップルシステムを見る機会がありました。この数年の継続的な開発努力で、かなり実用的な機械になってきています。まだ、エンドレスタイラー方式の索張りの改良とか、ニュージーランドのような先柱用ブルドーザーの利用などを工夫していく余地がありますが、方向性としては間違っていないでしょう。

写真7－3　2022年の「林業機械展示会」で実演を行った日本型テザーシステム
（2022年、著者撮影）

第 7 章　日本林業は世界のトップに立てる

写真 7 − 4　同展示会に出展された最新鋭のケーブルグラップル（2022 年、著者撮影）

　植栽については、ハーベスタのヘッドを取り換えて機械での植栽を実用化することが必要です。それまでの間は、植栽本数を減らすことを念頭に置いて、コンテナ苗を人手で効率良く植える方法を追求することが現実的でしょう。

　下刈りについては、ドローンによる除草剤のスポット散布や上空からの下刈りなど、シカ被害対策のためにも、もっとスピード感をもって開発すべきです。

　このほか、ソフトウェアの開発では、地形情報と立木情報をもとに最適な伐採・集材・植栽作業を示すことや、ケーブルアシストウインチとハーベスタをつなぐデータ通信の安定化を図るためにも林業現場におけるローカル 5 G の構築を追求するべきです。

（2）日本林業の将来モデル

　私の考える日本林業の将来モデルを改めて整理すると、次のようにな

ります。目指すのは、ha 当たり 800 本植えで、30 年伐期で成り立つスギ林業の確立です。

○地拵え：全幹集材でほぼゼロ

○苗木代：800 本 × 100 円で 8 万円、150 円で 12 万円

○植え付け労賃：1 万 5,000 円 × 3 人で 4 万 5,000 万円、4 人で 6 万円

○下刈り：ドローンによるスポット的除草剤散布（農業では ha 当たり 10 分で農薬を散布している）

○間伐：なし

○造林投資：合計で ha 当たり 20 万円〜 30 万円以下

○伐期：30 年、ha 当たり年間成長量 10 〜 20m^3 として 30 年で 300 〜 600m^3

○収穫量：利用材積 7 割として ha 当たり 210 〜 420m^3

○素材生産費：m^3 当たり 4,000 円以下

○加工工場着丸太価格：m^3 当たり平均 1 万 1,000 円

○森林所有者の収入：m^3 当たり 5,000 円以上、105 万円〜 210 万円

　このようなビジョンが実現すれば、2040（令和 22）年頃の日本の林業・木材産業は、次のような姿になっているでしょう。

○年間原木消費量 10 万 m^3 以上の大型製材工場が全国に 100 工場でき、ツーシフトで稼働

○年間原木消費量 2,000m^3 〜 3,000m^3 程度の中小製材工場も全国各地で並立して稼働

○国産材を利用する集成材工場、合板・LVL 工場や製紙工場や木質バイオマス発電所なども全国各地で稼働

○これらの加工拠点が安定的に稼働することで年間に合計 5,000 万 m^3 の原木を消費し、国産材の需要を拡大

○林業現場では、乗用タイプやリモートコントロールされた機械が伐採・収穫から植え付けまでの作業を効率よくこなす

○伐採した原木（丸太）は、8 m など長尺に採材して 10 t 車で大型加工工場や原木市場に輸送

写真7-5　造林を待つ伐採跡地（2020年、著者撮影）

○大型加工工場で量産を行う一方、近隣の中小加工場にも必要な原木を効率良く供給
○山元立木価格は5,000円を超え、成長の良いエリートツリーのha当たり800本植えと30年伐期が標準に
○造林投資の利回りは、米国のサザンイエローパインやニュージーランドのラジアータパインと遜色のない年利5〜7％程度に上昇

　以上のような将来モデルは、決して夢物語ではありません。日本の人工林、具体的にいえば、スギ439万ha（50年生以上62％）、ヒノキ256万ha（同40％）、カラマツ95万ha（同60％）、トドマツ72万ha（同34％）は、世界の中でも際立つ資源です。人工林資源としての国際競争力は十分にあります。このポテンシャルを、林業・木材産業の関係者だけでなく、国民全体で共有できるようにするべきです。ともに挑戦していきましょう（写真7-5）。

山田壽夫（Hisao Yamada）　関連年表

1951（昭和 26）年	熊本県人吉市で生まれる
1957（昭和 32）年	人吉市立東間小学校入学
1963（昭和 38）年	人吉市立第一中学校入学
1966（昭和 41）年	熊本県立人吉高等学校入学
1970（昭和 45）年	鹿児島大学農学部入学
1974（昭和 49）年	鹿児島大学大学院
1976（昭和 51）年	大学院修了し農林省林野庁入庁企画課配属
1977（昭和 52）年	青森営林局水沢営林署金ヶ崎担当区主任
1978（昭和 53）年	岩手県住田町
1980（昭和 55）年	林野庁計画課係長
1981（昭和 56）年	国土庁計画・調整局計画課
1983（昭和 58）年	林野庁企画課金融係長
1985（昭和 60）年	前橋営林局勿来営林署長
1987（昭和 62）年	林野庁厚生課企画官
1990（平成 2）年	林野庁森林保護対策室課長補佐
1992（平成 4）年	林野庁林政課広報官
1995（平成 7）年	大分県庁林業水産部次長
1999（平成 11）年	林野庁治山課水源地治山対策室長
2001（平成 13）年	林野庁木材課長
2003（平成 15）年	林野庁計画課長
2006（平成 18）年	九州森林管理局長、鹿児島大学客員教授
2007（平成 19）年	北海道森林管理局長
2009（平成 21）年	社団法人日本治山治水協会・日本林道協会専務理事
2010（平成 22）年	社団法人日本林業協会副会長、社団法人国土緑化推進機構監事
2011（平成 23）年	一般社団法人緑の循環認証会議専務理事
2016（平成 28）年	木構造振興株式会社代表取締役
2017（平成 29）年	森林科学研究所所長
2018（平成 30）年	一般社団法人全国木材検査・研究協会理事長
2019（令和元）年	公益社団法人大日本山林会監事
2021（令和 3）年	一般社団法人日本木材輸出振興協会会長、有限会社山田林業代表取締役
2023（令和 5）年	株式会社日本林業調査会『材政ニュース』編集顧問

主な著書

『21 世紀を森林の時代に』養老孟司氏等との共著　北海道新聞社　2008（平成 20）年
『現代森林政策学』共著　日本林業調査会　2009（平成 21）年
『改定現代森林政策学』共著　日本林業調査会　2012（平成 24）年
『概説森林認証』共著　海青社　2019（令和元）年
『「脱・国産材産地」時代の木材産業』共著　（公社）大日本山林会　2020（令和 2）年

主な出来事

伐採面積最高の 80 万 ha、薪炭伐採材積 3,200 万 m³ で戦後のピーク、サンフランシスコ対日講和会議
木炭生産量 217 万 t と戦後のピーク、ソ連世界初の人工衛星
米材輸入量 350 万 m³、カリマンタン森林開発協力（株）設立、バナナ輸入自由化
薪炭伐採材積 1,000 万 m³ を割る、木材輸入額は石油に次ぎ第 2 位、日本の総人口 1 億人を突破
この前年に外材依存率 50% を超え、世界の総人口 36 億人
国家公務員上級職試験合格、カナダ大使館に 2×4 のモデル住宅建設
造林面積 29 万 ha、伐採面積 31 万 ha、ロッキード事件、4 週 1 土曜休
新設住宅着工数 152 万戸、1 ドル 264 円
林野庁技官として初代市町村出向、国立林業試験場筑波へ移転、農林水産省に改称
海外協力を担当、東北地方冷夏で戦後最悪の凶作、マツクイ被害材積 210 万 m³
三全総・四全総担当、1 ドル 198 円
農林漁業金融公庫法の改正担当、分収育林制度の創設、森林浴が流行語に
1 ドル 260 円へ 2 年ぶりの円安、御巣鷹山に日航機墜落
振動障害裁判担当、国鉄分割・民営化
松くい虫防除法の延長改正担当、バブル崩壊、東西ドイツが統一
木造 3 階建ての帯広営林支局庁舎落成、完全週休二日制スタート
林業に加え水産も担当、阪神・淡路大震災、地下鉄で猛毒サリン事件
単一通貨ユーロ誕生、日中緑化交流基金を設置
新流通・生産システム立案、森林・林業基本法公布、脱ダム宣言、米国同時多発テロ
新生産システム立案、宮崎産スギ中国輸出第一号便、オレオレ詐欺
屋久島産スギ丸太の島外出荷、耐震強度偽装姉歯事件
カラマツの長尺採材での本州出荷へ、郵政民営化
33 年務めた林野庁を退官、政権が民主党へ、木材需要 46 年振りに 7,000 万 m³ 割る
日本航空経営破綻
人吉市に自宅を新築、東日本大震災、1 ドル 75 円を記録、世界人口総 70 億人を突破
熊本地震、英国 EU 離脱
相続により 1,000ha の山林を承継
米中貿易摩擦激化、日産ゴーン会長逮捕
消費税 10% スタート、ラグビー W 杯日本大会
瑞宝中綬章、木材価格高騰（ウッドショック）、前年からコロナウイルス流行
世界総人口 80 億人を突破

主な出来事参考資料

総合年表　日本の森と木と人の歴史（(社) 国土緑化推進機構企画・編集、（株）日本林業
　　調査会、1997 年発行）

日本近代林政年表（香田徹也編著、（株）日本林業調査会、2011 年発行）

おわりに

　月200時間を超える残業が2年近く続いた1992（平成4）年3月末に「松くい虫防除特別措置法」の延長を何とか期限内に成立させ、少しのんびりしていた同年7月、私は林野庁の広報官に就任しました。

　当時は、まだ林業や国有林が華やかなりし頃の名残りがあり、林政記者クラブには日刊木材新聞の石山さん、林業新聞の成田さん、日本林業経済新聞の林さん、木材工業新聞の吉藤さん、林材新聞の赤堀さん、一般紙では毎日新聞の滑志田さん、時事通信の谷津さん、日本農業新聞の児玉さんなど多士済々の面々が揃っており、賑やかでした。そして、その中心に日本林業調査会の辻五郎さんがおられました。

　辻五郎さんとの本格的な出会いは1985（昭和60）年、ほぼ2年近く勤めた企画課金融係長の頃です。農林漁業金融公庫法の大改正をクリアーし、金融関係の法律、政省令、通達などの関係が一目でわかるように工夫した書籍『林業・木材産業金融実務必携』を出したいと辻五郎さんにお願いしました。私の申し出を快く引き受けていただき、新刊書籍として出していただいたことを昨日のように思い出します。

　さて、私が広報官に就任する少し前までは、『林野週報』という産経新聞OBの新里さんが手がける隔週発行の雑誌がありました。いろいろな事情で『林野週報』は廃刊になったのですが、諸先輩から「お前なら復刊できるだろ！」と言われていました。そこで、新しい定期刊行物の発行を辻五郎さんのご子息である辻潔さんの生涯の仕事の1つにできないかと持ちかけました。ところが、辻五郎さんには、頑なに固辞されてしまいました。日本林業調査会が発行していた月刊誌『スリーエムマガジン』（林業機械関係の専門誌）も廃刊になっており、「雑誌はもう懲りた」との一点張りです。それでも辻潔さんと2人で、雑誌のスタイルから収支までを念入りに練り上げ、辻五郎さんを口説き落として発刊に漕ぎつけたのが『林政ニュース』です。その後、辻潔さんやご関係の方々の努力で、『林政ニュース』は今日で満30年を迎え、林業関係者にとってかけがえのない媒体に育ってきています。

私が本書を世に問いたいと考えたとき、やはり出版社は日本林業調査会にしたいと思い、辻潔さんにお願いしました。これに快く応じていただいた辻潔さんに、はじめに感謝を申し上げます。

また、「刊行に寄せて」のご執筆をお引き受けいただいた大日本山林会会長の永田信・東京大学名誉教授には、山林会関係から出版をしないかとのお薦めをいただいたことに加えて、日頃から様々な面で励ましをいただいております。永田会長からの後押しがあって、この本を書き上げることができました。心より感謝を申し上げる次第です。

第7章の冒頭でも触れたように、本書のベースになった原稿は、林業機械化協会が発行する月刊誌『機械化林業』で2021（令和3）年1月から2年間にわたって連載した「世界と戦える日本林業再生産への挑戦」です。同協会会長の島田泰助さん、そして編集だけでなく作図など細部までお手伝いをいただいた編集責任者の板垣靖さんには、お礼のしようがないくらいお世話になりました。

本書のタイトルである「日本林業は世界で勝てる！」は、ある意味私の思いであります。林野庁を退職後、山林経営に本格的に取り組み始めてから、林業って面白いなと感じています。20歳代から30年近くに及んだ林野庁勤務時代には、あまり目をかけることのできなかった山林でもそれなりに育ってきており、自然の力というのは大きなものがあると実感しています。投資と収穫のバランスの中で、あまり無理をせず、太陽の恵みを精一杯活用した林業経営とは何かというのが今の私の命題になってきています。

「林業は儲かる」とか「世界で勝てる」という表現には、いろいろとご意見のある方も多いと思いますが、やり方次第では22世紀に向けて日本林業には希望があることを伝えたかったのです。この本を1つの契機として、全国各地でそれぞれの風土に根ざした林業の取り組みが広がることを願ってやみません。

2024（令和6）年11月吉日

山田　壽夫

2024 年 11 月 22 日　第 1 版第 1 刷発行
2024 年 12 月 26 日　第 1 版第 2 刷発行
2025 年 4 月 30 日　第 1 版第 3 刷発行

日本林業は世界で勝てる！

著　者 ──────── 山田壽夫

発行人 ──────── 辻　潔

カバーデザイン ──── 峯元洋子

発行所 ──────── 森と木と人のつながりを考える
　　　　　　　　　　㈱日本林業調査会
　　　　　　　　　　東京都新宿区下宮比町 2-28 飯田橋ハイタウン 204
　　　　　　　　　　TEL 03-6457-8381　FAX 03-6457-8382
　　　　　　　　　　http://www.j-fic.com/
　　　　　　　　　　J-FIC（ジェイフィック）は、日本林業調査会（Japan
　　　　　　　　　　Forestry Investigation Committee）の登録商標です。

印刷所 ──────── 藤原印刷㈱

定価はカバーに表示してあります。
許可なく転載、複製を禁じます。

Ⓒ 2024 Printed in Japan. Hisao Yamada

ISBN978-4-88965-277-2